WISSENSCHAFTS TRICKS

ROBERT GRIESBECK, NILS FLIEGNER

WISSENSCHAFTS TRICKS

4 BÜCHER IN EINEM:
MATHEMATRICKS, MEHR MATHEMATRICKS, TRICKPHYSIK, TRICKCHEMIE

impian

Lizenzausgabe mit Genehmigung der Bastei Lübbe AG, Köln
Für die Impian GmbH, Hamburg 2021

Umschlaggestaltung und Innenillustrationen: Nils Fliegner
Umschlaggestaltung: Tanja Østlyngen
unter Verwendung von Illustrationen von Nils Fliegner und Shutterstock
Druck: Neografia, A.G.Printed in Slovakia

ISBN 978-3-96269-124-0

www.impian.de

Robert Griesbeck

MATHEMAtricks

Bolle, James und Hein legen ihren Mathelehrer rein

Illustriert von Nils Fliegner

„Drei schlaue Schweine müsst ihr sein,
dann legt ihr jeden Lehrer rein.
Macht es doch wie wir,
wie Bolle, James und Hein,
dann kriegt ihr alle Großen klein!"

Kampflied der Schweinebande

Schweine werden von Menschen oft unterschätzt. Aber Schweine sind nicht nur sehr sauber, sondern auch sehr schlau. Man sagt doch: »Du bist ja schweineschlau, alle Achtung!« Aber es reicht nicht, einfach nur schlau zu sein. Damit aus schlauen Ferkeln später clevere Schweine werden, die einmal als Piloten, Tierärzte oder Briefträger arbeiten, müssen sie vorher in die Schule gehen.

In die Schweineschule. Dort lernen sie alles, was man als großes Schwein wissen muss. Sie lernen drei Sprachen, Physik, Chemie und Kochen und Rugby. Und sie lernen Mathematik. Ausgerechnet bei Herrn Speckbauch. Schlimm.

Hein Schwein geht in die vierte Klasse der Schweineschule. Er ist sehr gut in Mathe und Rugby und sehr schlecht in Französisch. Dabei ist er nicht irgendein normal schlaues Schwein. Hein Schwein ist ein sehr sehr schlauer Schweinejunge, eigentlich ein geniales Schwein. Hein hat nämlich einen SQ von fast 244. SQ bedeutet »Schweinequotient« und ist sowas wie die Maßeinheit der Schläue bei Schweinen. Menschen dagegen haben nur einen IQ. Ein Schweinequotient von 244 ist gewaltig. Wäre Albert Einstein ein Schwein gewesen, hätte er auch keinen höheren SQ gehabt.

Aber Hein Schwein gibt nicht groß mit seiner Schlauheit an, nur im Matheunterricht kann er es einfach nicht lassen, seinen Lehrer, Herrn Speckbauch, zu ärgern.

James ist Heins bester Freund. Er sitzt drei Bänke hinter ihm, weil Herr Speckbauch es nicht mehr ausgehalten hat, dass die beiden jede Stunde neue Fragen aushecken, mit denen sie die Mathestunde stören. James kennt jede Menge hinterlistige Tricks und Rätsel, und er kann so unschuldig schauen, wenn er Herrn Speckbauch eine Frage stellt, dass der immer wieder darauf reinfällt.

Bolle ist der Zwillingsbruder von James. Bolle ist nicht so clever wie James, aber er ist der König der Scherzaufgaben und ein begnadeter Witzeerzähler. Zusammen sind die drei die »Schweinebande«, gefürchtet von allen Lehrern, am meisten aber von Herrn Speckbauch.

An diesem Mittwoch will Herr Speckbauch eine Matheklassenarbeit schreiben lassen. Das muss dringend verhindert werden. Nicht, weil die Schweinebande in Mathe schlecht wäre, sondern weil Anne und Susanne die Schweinebande darum gebeten haben. Anne und Susanne sind Hein Schweins Schwestern, und James und Bolle sind bis über die Schweineohren verknallt in sie. Ehrensache, dass die Schweinebande den beiden süßen Ferkeln den Gefallen tut. Außerdem wollen sie die drei zum Dank in die italienische Eisdiele »Porco Gelati« einladen ...

Kaum hat Herr Speckbauch das Klassenzimmer betreten und schwungvoll seine Mappe auf den Tisch geknallt, geht es auch schon los. Hein Schwein zieht sein Taschentuch aus der Hosentasche, und dabei fallen ein paar Münzen auf den Boden. »Schauen Sie nur, Herr Speckbauch«, sagt Hein vorwurfsvoll. »Das ist der Rest von meinem Taschengeld für diesen Monat. Schlappe drei Euro zwanzig!«

Natürlich kriegen Schweine auch Taschengeld, was dachtest du denn! Und natürlich haben sie auch Euro und Cent, denn schließlich leben sie ja mitten unter uns. Also, Hein Schweins Mathelehrer ist nicht sehr beeindruckt von den drei Euro zwanzig. Aber jetzt kommt ganz scheinheilig Heins Frage: »Können Sie die fünf Münzen so zusammenlegen, dass jede einzelne davon auch jede andere berührt?«

Der Mathelehrer, der schon genervt ist, weil ihn Hein Schwein mit solchen Fragen immer stört, schaut sich die fünf Münzen an, schüttelt dann den Kopf und sagt: »Das geht auf keinen Fall, Hein.«

»Wetten, dass doch?«

»Ich wette nicht, Hein, aber es geht nicht.«

»Tut es doch«, sagt Hein Schwein.

Die richtige Lösung steht auf Seite 105.

Das war wohl nix«, sagt Hein Schwein und grinst. Die erste Runde ging ganz klar an die Schweinebande. Aber jetzt wird es gefährlich. Herr Speckbauch öffnet seine Mappe. Und darin stecken die Aufgabenblätter.

»Ich hab' auch noch eine Frage, Herr Speckbauch!«, ruft Bolle, denn er weiß, wenn diese todlangweiligen Textaufgaben erst ausgeteilt sind, haben die Schweine keine Chance mehr. »Es ist ein Rätsel: Mein Vater hat einen kurzen, Sie haben einen langen, Ehepaare benutzen ihn oft zusammen, ein Junggeselle hat ihn für sich allein, Madonna hat gar keinen, und der Papst benutzt ihn nie. Was ist das wohl?«

»Bolle, du bist wirklich ein Schwein!«, sagt der Mathelehrer empört. Die Klasse brüllt vor Lachen. Nein, ein paar grunzen auch, einer prustet und Elfriede quiekt. Die Stimmung ist super. Herr Speckbauch überlegt sich, wie er diesen vorlauten Schweinen nur Disziplin beibringen soll. »Setz' dich wieder hin, Bolle. Ich weiß es nicht – und ich will es auch gar nicht wissen!«

»Es ist der Nachname, Herr Speckbauch. Was hatten Sie denn gedacht?« Ach so.

Er hat keine Lust, sich von einem vorlauten Schwein an der Nase herumführen zu lassen, auch wenn er selbst ein Schwein ist.

Er sagt: »Na schön, Bolle, wenn du so schlau bist, dann kannst du bestimmt auch dieses Rätsel lösen: Ein Schwein steht vor einem Porträt. Jemand fragt ihn: “Wer ist das auf dem Bild?” Das Schwein antwortet: “Brüder und Schwestern habe ich nicht, aber der Vater dieses Mannes ist das Kind meines Vaters.” Wessen Porträt betrachtet das Schwein?«

Bevor sich sein dicker Freund blamieren kann, springt Hein auf und ruft: »Ich weiß es. Und ich wette, dass es keiner von euch rausbekommt!«

Und damit meint er auch alle Nichtschweine.

Die richtige Lösung steht auf Seite 106.

»Das ist richtig, Hein«, sagt Herr Speckbauch etwas säuerlich. Er hatte gehofft, der frechen Schweinebande wäre endlich mal die Spucke weggeblieben. Bevor er sich wieder erholt hat, meldet sich James. Er schnalzt ganz aufgeregt mit den Fingern.

»Ja, James«, ruft ihn Herr Speckbauch auf. »Aber nur, wenn es wirklich wichtig ist.«

»Natürlich ist es wichtig«, sagt James. »Es ist schließlich eine Mathematikfrage. Und wir haben doch Matheunterricht. Also: Ein kleines Schwein badet. Es ist ein modernes Badezimmer, bei dem die Tür ganz dicht abschließt, damit nichts rauslaufen kann, falls die Wanne mal überläuft. Im Badezimmer gibt es kein Fenster. Die Tür geht nach innen auf. Das Schwein lässt warmes Wasser einlaufen und schlummert ein, weil es so gemütlich in der Wanne ist. Das Wasser läuft über den Wannenrand auf den Boden, steigt langsam immer höher, bis das ganze Badezimmer bis zum Wannenrand voll Wasser steht. Als es noch höher steigt, wacht das Schwein auf, dreht erschrocken am Wasserhahn – aber dabei reißt er ab –, und das Wasser kann nicht mehr abgestellt werden. Die Tür lässt sich nicht öffnen, weil das Wasser so stark dagegen drückt. Schließlich ist sie völlig wasserdicht. Was soll das Schwein machen, damit es nicht ertrinkt?«

»Hm, das kann ja nicht so schwer sein«, sagt Herr Speckbauch. »Ist oben an der Decke wenigstens eine Öffnung?« »Nein«, sagt James. »Es kann an die Türe klopfen«, sagt der Lehrer. »Das nützt nichts. Das Schwein ist allein. Die Mutter ist Einkaufen.« Susanne fängt an zu heulen: »Das arme Schweinchen. Es ertrinkt! Schnell, Herr Speckbauch, lassen Sie sich etwas einfallen!« Aber dem Lehrer fällt nichts ein. Er starrt ratlos in die entsetzten Gesichter der Schüler, die alle an ein ertrinkendes Schwein denken.

Die richtige Lösung steht auf Seite 106.

Als Herr Speckbauch und die Schweinebande es endlich geschafft haben, Susanne zu trösten, kehrt langsam wieder Ruhe in der Klasse ein. »Jetzt aber ...«, sagt Herr Speckbauch und greift in seine Mappe ... »Jetzt aber ...«, ruft Hein Schwein, »... ist mir gerade noch eine spannende Frage eingefallen.« »Sie wird jedoch nichts mit unserem heutigen Thema zu tun haben«, sagt der Mathelehrer.

»Oh doch«, sagt Hein. »Es ist eine Logikfrage. Und Sie haben Logik doch so gerne. Sie sagen immer, ein Schwein, das nicht logisch denken kann ...«

»Schon gut, Hein«, sagt der Lehrer und seufzt. »Also stell deine Frage, und dann geht's an die Klassenarbeit.«

»Also: Es sitzen ein paar Schweine am runden Tisch im Lehrerzimmer. Man weiß nicht genau, wie viele Schweine es sind, aber man weiß, dass immer abwechselnd ein Schwein, das immer lügt, neben einem sitzt, das immer die Wahrheit sagt.«

»Lehrer lügen nie«, sagt Herr Speckbauch beleidigt.

»Es ist ja nur eine Aufgabe. Eines der Schweine – man weiß nicht, ob es lügt oder nicht – sagt: “Mehr als neun Schweine hätten auch wirklich nicht an den Tisch gepasst.” Da sagt sein Nebenmann: “So ein Unsinn! Wir sind doch zehn.” Und nun will ich wissen, ob Sie herauskriegen, wie viele Lügner im Lehrerzimmer sitzen.«

»Natürlich nur in dieser Aufgabe und nur ganz theoretisch«, sagt Herr Speckbauch. »Denn wie gesagt: Es gibt keine Lügner im Lehrerzimmer.«

»Natürlich nur ganz theoretisch«, sagt Hein Schwein. »Aber wenn Sie herausbekommen haben, wie viele es sind, wissen Sie bestimmt auch, ob der Direktor mit dabei ist.«

Bitte nachdenken vor dem Umblättern.
Die richtige Lösung steht auf Seite 107.

Es war sehr knapp«, sagt Hein Schwein großzügig. »Fast hätten Sie es rausgekriegt. Aber eine Chance haben Sie noch ...«

Und bevor Herr Speckbauch noch sagen kann, dass er gar keine Chance mehr braucht und jetzt endlich seine Mathearbeit schreiben will – hat ihn Hein schon wieder am Wickel: »Stellen Sie sich vor, gestern hatten wir unsere erste Schwimmstunde bei Frau Griebenschmalz, und da ist mir Folgendes aufgefallen: Von allen 24

Schweinen in ihrem Kurs können 21 schwimmen, 20 können tauchen, und 18 Schweine können beides – schwimmen und tauchen. Nun wollte ich Sie fragen, ob es vielleicht auch Schweine in unserer Klasse gibt, die weder schwimmen noch tauchen können.«

Herr Speckbauch hat sich ganz ganz fest vorgenommen, sich von keiner Frage mehr ablenken zu lassen, aber das interessiert ihn nun doch.

Ob man sowas tatsächlich ausrechnen kann?

Bitte nachdenken vor dem Umblättern.
Die richtige Lösung steht auf Seite 107.

Leider wieder falsch«, sagt Hein Schwein. »Naja, auch Mathelehrer sind nur Schweine. Aber da hätte ich noch eine spannende Frage ...«

»Aus! Schluss! Ende!«, ruft Herr Speckbauch, und seine Stimme überschlägt sich vor lauter Aufregung. Fast hätte er gequiekt. »Jetzt kommt die Klassenarbeit dran.«

»Kennen Sie eigentlich das Schweine-Dschungel-Camp?«, fragt James ganz ungerührt. »Das kommt doch jeden Freitag im Fernsehen. Haben Sie's schon mal gesehen?«

»Nein!«, kreischt Herr Speckbauch. »Und ich will auch nichts darüber hören! Keinen Ton!«

»Aber, Herr Speckbauch. Sie müssen keine Angst haben. Also bei diesem Schweine-Dschungel-Camp ...«, James ist rotzfrech, er redet einfach weiter. Aber er schaut Herrn Speckbauch ganz freundlich dabei an. »... waren die Schweine eine Woche auf sich allein gestellt. Sie hatten genügend Vorräte dabei, Schlafsäcke und eine Lampe. Doch nach fünf Tagen ging ihre Petroleumlampe aus. Zwar war in der Lampe noch genügend Petroleum drin, aber der Docht reichte nicht mehr so weit nach unten.

Und sie hatten kein Petroleum mehr zum Nachfüllen. Was taten die Schweine, damit ihre Lampe weiterhin brannte?«

»Äh ... was hat das mit Mathematik zu tun?«, stottert Herr Speckbauch.

»Mit Logik, mit Logik, Herr Speckbauch«, sagt James. »Sie sagen doch immer: Logik ist die halbe Miete bei der Mathematik.«

Stimmt. Das sagt er immer. Und jetzt ist er dran.

Ach, Herr Speckbauch«, sagt James, »darauf hätten Sie schon kommen können. Das war ferkeleinfach. Geht es Ihnen heute nicht gut?«

»Haben Sie Kopfweh?«, fragt Heidi besorgt, »Sie sehen so blass aus. Wollen Sie heute vielleicht etwas früher nach Hause gehen ...«

»Ich will überhaupt nicht nach Hause gehen«, knurrt Herr Speckbauch. »Ich werde jetzt die Aufgabenblätter aus der Mappe holen und dann werden wir ...«

»Weil Sie gerade davon reden«, fällt ihm Bolle ins Wort, »da fällt mir auch eine tolle Aufgabe ein. Hat mir mein Opa erzählt, der ist nämlich zur See gefahren.«

»Mach's kurz«, seufzt Herr Speckbauch.

»Also, eines Tages im Hafen musste er die Schiffswand streichen. Seine Strickleiter reichte bis zehn Zentimeter über das Wasser, und die Sprossen waren jeweils zwölf Zentimeter voneinander entfernt. Mein Opa stand auf der untersten Sprosse, als plötzlich die Flut kam. Der Wasserspiegel stieg um einen halben Meter. Wie viele Sprossen musste er höher steigen, damit er keine nassen

Füße bekam? Das ist aber wirklich nicht so schwer.«

»Na gut«, sagt Herr Speckbauch, nimmt die Kreide in die Hand und malt mit ein paar Strichen eine Strickleiter an die Tafel. »Das sind also zehn Zentimeter minus 50 geteilt durch zwölf ... oder, nein ... also wenn man erstmal zehn von 50 abzieht und dann ...«

Bolle zwinkert Hein und James zu, und die beiden schauen auf die Uhr. Nur noch eine halbe Stunde.

Aber wie viele Stufen musste Bolles Opa denn tatsächlich hochsteigen?

Bitte nachdenken vor dem Umblättern.
Die richtige Lösung steht auf Seite 108.

Reingefallen!«, ruft Bolle begeistert, und die ganze Klasse lacht. Herr Speckbauch bekommt einen knallroten Kopf, was bei Schweinen ziemlich lustig aussieht.

»Das war ein ganz mieser Trick!«, ruft er und hat vor lauter Ärger vergessen, dass er eigentlich eine Arbeit schreiben wollte. »So kann man keine Fragen stellen. Ich bitte mir eine präzise Aufgabenstellung aus. Klar?«

»Klar«, sagt Hein Schwein. »Da weiß ich eine ungeheuer präzise Frage. Und die geht so: Bolle und James laufen um die Wette, von der alten Ulme bis zum Schultor, und das sind genau 100 Meter. Als James ins Ziel kommt, ist Bolle noch fünf Meter dahinter. Aber weil James fair

sein will – schließlich ist Bolle ja sein jüngerer Bruder, auch wenn er nur drei Minuten jünger ist –, schlägt er ihm vor, das Rennen noch einmal zu wiederholen. Und diesmal startet James fünf Meter hinter Bolle. Wer gewinnt diesmal?

»Hm …«, Herr Speckbauch schaut Hein Schwein misstrauisch an. »Und das ist nicht schon wieder so eine blöde Fangfrage?«

»Großes Schweineehrenwort!«, sagt Hein.

»Na, dann kann es ja nicht so schwer sein.« Herr Speckbauch schreibt an die Tafel: »Also x ist gleich 100, und y ist 105, dann setzen wir die Zeit von Bolle für a und die von James für b … geteilt durch … ähhh …«

Bitte nachdenken vor dem Umblättern. Die richtige Lösung steht auf Seite 108.

Herr Speckbauch wischt sich den Schweiß von der Stirn. Jetzt hat ihn dieser vorlaute Hein doch schon wieder drangekriegt. Vielleicht sollte er ihm auch mal eine Aufgabe stellen, aber es fällt ihm gerade nichts ein. Zu blöd.

Da meldet sich James. »Herr Speckbauch, ich hab gestern etwas Irres beobachtet. Einfach unglaublich. Soll ich's mal erzählen?«

»Wenn es was mit dem Unterricht zu tun hat«, sagt Herr Speckbauch erschöpft.

»Na klar. Also, das war so. Ich saß gestern bei uns am Küchenfenster und schaute in den Hof hinunter, da kam ein Möbelwagen in den Hof gefahren, ganz vorsichtig, weil er so hoch war, dass er gerade noch durch das Tor passte. Also, die Möbelpacker luden den Wagen aus und trugen alles in den zweiten Stock hinauf. Da zogen nämlich gerade neue Mieter ein. Und stellen Sie sich vor: Als sie fertig waren und wieder aus dem Hof fahren wollten, kamen sie nicht mehr durch das Tor. Der Wagen stieß oben am Tor an und saß fest. Komisch, was?«

»Sehr komisch«, sagt Herr Speckbauch. »Aber wir haben hier eine Mathematikstunde. Hast du das vergessen?«

»Gar nicht«, sagt James. »Ist auch Mathematik. Wieso kam der Wagen nicht mehr raus? Und was haben die Möbelpacker gemacht, damit der Wagen dann doch wieder durch das Tor passte? Das ist eine Zusatzfrage. Gibt auch Extrapunkte.«

»Sie haben das Tor gesprengt.«

»Aber nein, Herr Speckbauch. Das ist keine Scherzfrage. Denken Sie mal in Ruhe nach.«

Die richtige Lösung steht auf Seite 108.

Schluss jetzt!«, ruft Herr Speckbauch und ärgert sich gewaltig, dass er nicht auf die Lösung gekommen ist. »Wir fangen an. Ich teile jetzt die Aufgaben aus.«

»Wir können noch nicht anfangen«, sagt Bolle. »Sie haben die Parole noch nicht gesagt.«

»Wie bitte?«, Herr Speckbauch traut seinen Ohren nicht. Dieser Bolle ist ja wirklich rotzfrech.

»Ja, die Parole. Wissen Sie das nicht? Das haben wir doch in der Schweinemitverwaltung beschlossen. Bevor man die Parole nicht sagt, darf man keine Klassenarbeit schreiben. Aber es ist eine mathematische Parole, und Sie werden sie bestimmt schnell rauskriegen. Na, ich fang mal an – passen Sie gut auf.«

Bolle deutet auf Hein und sagt: »Sechzehn.«

Hein kratzt sich am Kopf, dann sagt er: »Acht.«

»Richtig. Und jetzt du, Lisa: Achtundzwanzig.«

Lisa denkt lange nach und sagt dann: »Vierzehn.«

»Richtig.« Bolle deutet auf seinen Zwillingsbruder und sagt: »Acht.«

»Vier«, sagt James und grinst über beide Ohren.

»Und jetzt Sie«, sagt Bolle und deutet auf seinen Lehrer.

»Wie ist die Parole. Ich sage Vierzehn – und was sagen Sie?«

»Sieben. Na, das war ja nicht besonders schwer.«

»Aber es ist falsch«, ruft Bolle triumphierend. »Falsch, falsch, falsch! Sie dürfen keine Klassenarbeit schreiben!«

Die richtige Lösung steht auf Seite 109.

Plötzlich ist Herr Speckbauch ganz kleinlaut geworden. Das mit der Parole hat er nicht gewusst. Darf er jetzt tatsächlich keine Mathearbeit schreiben? Vielleicht sollte er seinen Chef, den Direktor, fragen. Aber der hat heute Besuch von seinem eigenen Chef. Das ist der Schulinspektor. Der kommt jedes Jahr einmal, um sich den Unterricht anzusehen.

»Hoffentlich kommt er nicht zu mir herein«, denkt Herr Speckbauch. »Wenigstens nicht, so lange ich Unterricht bei diesen Nervensägen von der Schweinebande habe.«

»Wir sind ja nicht so«, sagt Hein Schwein großzügig. »Wenn Sie ein paar richtig schwere Fragen richtig beantworten, könnten wir ein Auge zudrücken.«

Hein weiß nämlich auch, dass der Schulinspektor heute zu Besuch ist.

»Das wäre nett. Dann stellt mal eine Frage.«

James meldet sich. »Ich weiß eine: Zwei Schweine schauen in eine gerade Röhre, die auf einem Tisch liegt. Trotzdem können sie sich nicht sehen. Warum?«

Herr Speckbauch überlegt. »Vielleicht ist sie verstopft?«

»Nein, sie ist nicht verstopft.«

»Oder es ist dunkel im Zimmer.«

»Gute Idee, ist aber leider falsch.«

Herr Speckbauch beginnt zu schwitzen. Es fällt ihm nichts mehr ein, und die ersten Schweine fangen schon an zu kichern.

»Also ... sind die beiden Schweine vielleicht blind?«

»Nein, Herr Speckbauch. Auf was für Ideen Sie aber auch kommen. Denken Sie doch einmal nach. Ganz kräftig!«

Herr Speckbauch denkt ganz kräftig nach, so kräftig, dass er Kopfweh bekommt. Er kneift fest die Augen zusammen, denn so kann er immer am besten denken. Aber es fällt ihm einfach nichts ein.

Die richtige Lösung steht auf Seite 110.

Ich weiß keine Frage«, sagt Bolle, »aber ich kenne eine prima Wette.«

»Schweine wetten nicht«, sagt Herr Speckbauch empört. »Und in der Schule gleich zweimal nicht.«

»Schade«, sagt Bolle. »Und dabei wollte ich mit Ihnen um zehn Euro wetten. Damit hätte ich mein Taschengeld schön aufbessern können.«

»Um Geld wettet man überhaupt nicht. Was euch kleinen Schweinen alles so einfällt, also wirklich ...«

»Aber es ist eine mathematische Wette.«

»So?« Herr Speckbauch wird nachdenklich. Eine mathematische Wette kann er ja gar nicht verlieren. Vor allem nicht gegen diesen Bolle. Denn der steht nämlich auf einer wackeligen Vier in Mathe.

»Na gut, Bolle, dann lass mal hören.«

»Also, ich wette mit Ihnen um einen Euro, dass ich Ihnen zehn Euro schenke, wenn Sie mir fünf Euro schenken.«

»Hm ...«, Herr Speckbauch denkt nach.

Das klingt eigentlich ganz einfach.

Aber ist es wirklich eine gute Wette für den Mathelehrer?

Bitte nachdenken vor dem Umblättern.
Die richtige Lösung steht auf Seite 110.

Wette gewonnen, Geld verloren!«, ruft Bolle, und Herr Speckbauch ärgert sich gewaltig. »Eigentlich dürfen Schweine in deinem Alter noch gar nicht um Geld wetten.«

»Wetten, dass doch?«

»Naja, du bist doch bestimmt erst ... wie alt bist du Bolle?«

»Ich bin drei Minuten jünger als James.«

»Das ist ja sehr hilfreich. Und wie alt ist James?«

Bevor nun Bolle sagen kann “Drei Minuten älter als ich”, kommt Hein seinem Lehrer zu Hilfe.

»Lassen Sie sich nicht reinlegen, Herr Speckbauch – ich kann Ihnen genau sagen, wie alt er ist. Auch wenn sich das komisch anhört: Bolle ist an seinem letzten Geburtstag zwölf geworden. Aber an seinem nächsten wird er nicht 13. Na, jetzt wissen Sie es genau.«

Der Lehrer starrt Hein Schwein mit großen Augen an. »Erzähle keinen Unsinn, das geht doch nicht. Wenn er an seinem letzten Geburtstag

zwölf geworden ist, ist er eben auch zwölf – und am nächsten wird er 13.«

»Eben nicht, eben nicht«, kreischt Bolle und hält sich den Bauch vor Lachen.

Eleonore hebt den Finger und sagt: »Das mit den Geburtstagen ist sowieso komisch. Ich hatte erst dreimal Geburtstag, und dabei bin ich doch schon 13!«

Jetzt ist Herr Speckbauch aber platt. Lügen ihn seine Schüler an, oder gibt es solche Geburtstage wirklich?

Bitte nachdenken vor dem Umblättern. Die richtige Lösung steht auf Seite 110.

Herr Speckbauch gratuliert Bolle und seinem Bruder zum Geburtstag. Die Zeit vergeht heute aber schnell. Jetzt sollte er sich beeilen, wenn er seine Mathearbeit noch schreiben will. Da fällt ihm ein, dass er die Hausaufgaben noch nicht kontrolliert hat. Er hat eine Menge schwerer Multiplikationen von Seite 121 bis 122 im Mathebuch aufgegeben. Also lässt er sich noch schnell die Hefte zeigen – und er hört eine Unmenge von Ausreden. Manche sind schlechter, manche sind besser. Und eine ist gelogen.

Hein sagt: »Tut mir leid, mein Vater hat das Matheheft aus Versehen mit ins Büro genommen. Er hat es wohl mit einer seiner Akten verwechselt.«

Bolle sagt: »Ich konnte nur die Aufgaben auf Seite 121 machen, die Seite 122 muss jemand aus meinem Buch gerissen haben.«

Helga sagt: »Mir ist die Milch umgekippt und über das Heft gelaufen. Da hab ich es zum Trocknen in den Herd gelegt – und da ist es verbrannt. Leider.«

James sagt: »Mein Hamster hat mein Matheheft aufgefressen, wahrscheinlich weil der Einband so schön grün war. Er hat das Heft mit einem Salatblatt verwechselt.«

Susanne sagt: »Ich konnte die Hausaufgaben leider nicht machen, weil meine Eltern mit mir am Wochenende zum hundertsten Geburtstag meiner Urgroßoma gefahren sind. Bei der Feier waren insgesamt 63 Verwandte da – das war vielleicht ein Durcheinander!«

Und Herr Speckbauch sagt: »Also, ganz so doof bin ich nun auch wieder nicht. Einer von euch lügt, und zwar ganz gewaltig!« Aber wer?

Bitte nachdenken vor dem Umblättern.
Die richtige Lösung steht auf Seite 111.

Gratuliere, Herr Speckbauch«, sagt Bolle. »Sie haben es gemerkt. Aber das war auch nicht so schwer. Ich weiß eine viel kompliziertere Aufgabe, eine richtige Herausforderung für einen genialen Mathematiklehrer, wie Sie einer sind.«

Herr Speckbauch fühlt sich geschmeichelt. »Na, da bin ich aber gespannt, Bolle.«

»Also, Sie müssen sich vorstellen, in unserer Stadt ist der Strom durch einen Kurzschluss ausgefallen. Nichts geht mehr, die Straßenbeleuchtung nicht, und auch die Verkehrsampeln funktionieren nicht. Mitten auf der

Straße steht eine alte Schweineoma, die völlig schwarz gekleidet ist – schwarzer Rock, schwarze Strümpfe, schwarze Schuhe, schwarze Jacke, und auf dem Kopf ein schwarzes Kopftuch. Da rast plötzlich ein Auto auf sie zu. Seine Scheinwerfer sind ausgeschaltet – und trotzdem kann es noch kurz vor der Oma ausweichen und fährt knapp an ihr vorbei. Sie bleibt völlig unverletzt.«

»Puh«, seufzt Herr Speckbauch, »da bin ich aber froh.«

»Aber wieso konnte das Auto in letzter Sekunde noch ausweichen?«, fragt Bolle.

Tja, das ist wirklich eine knifflige Frage.

**Bitte nachdenken vor dem Umblättern.
Die richtige Lösung steht auf Seite 111.**

So ein übler Trick!«, beschwert sich Herr Speckbauch, und er sieht ziemlich beleidigt aus. »Du hast es nämlich erzählt, als ob es dunkel ...«

»Aber das ist doch gerade der Witz«, unterbricht ihn Hein Schwein. »Schließlich sind Sie ja ein großes Schwein und wir sind nur ganz kleine. Also müssen wir uns schon etwas einfallen lassen, sonst kriegen Sie die Lösungen viel zu schnell raus.«

»Ich habe ja den Verdacht, dass ihr mich nur von der Klassenarbeit ablenken wollt!«

»Aber Herr Speckbauch!«, sagt James entrüstet. »Wie kommen Sie nur auf sowas? Wir sind einfach total begeistert von diesen Textaufgaben.«

»Stimmt«, sagt Bolle. »Wir sind die vollen Logikfans!«

»Und gerade ist mir noch eine eingefallen«, sagt Hein Schwein und zwinkert seinen Freunden zu. »Kennen Sie die mit dem Schwein im Keller?«

»Nein«, sagt Herr Speckbauch, »kenne ich nicht, aber ich will jetzt endlich ...«

»Also, es steht ein Schwein im Keller vor drei Lichtschaltern. Einer davon schaltet die Lampe in seiner Wohnung ein, aber die ist im dritten Stock. Was muss das Schwein machen, damit es nicht ständig Treppen steigen muss, denn es weiß nicht, welcher der richtige Schalter ist. Es kann es übrigens schon aufs erste Mal rausbekommen.«

»Er sagt seiner Frau, sie soll rufen, wenn das Licht brennt«, sagt Herr Speckbauch.

»Das Schwein hat keine Frau. Es ist ganz allein im Haus.«

Die richtige Lösung steht auf Seite 111.

Herr Speckbauch ärgert sich. Darauf hätte er auch selber kommen können. Er schaut auf die Uhr. Verflixt, schon so spät. Er öffnet seine Aktentasche und will gerade die Arbeitsblätter herausholen, als er ein Schluchzen hört. Es ist Susanne in der dritten Reihe. »Was ist denn los?«, fragt Herr Speckbauch. »Hast du Angst vor der Mathearbeit?«

»Aber nein. Mir ist nur gerade etwas ganz Trauriges eingefallen. Letzte Woche ist doch der alte Bauer Wutz

gestorben. Und das war eine schreckliche Geschichte. Er war nämlich in seiner Küche eingeschlafen. Bauer Wutz träumte, er wäre von einer Bande blutrünstiger Metzger gefangen worden, die ihm den Hals durchschneiden wollten. Zwei hielten ihn auf dem Hackblock fest, während der Dritte mit dem Beil ausholte. Der arme Bauer Wutz regte sich in seinem Traum so auf, dass er anfing zu schnarchen. Das ärgerte seine Frau, die neben ihm am Tisch saß, und sie klopfte ihm einmal kräftig auf den Nacken, damit er aufwachte. Aber das tat sie genau in dem Moment, in dem der Metzger im Traum das Beil auf den Hals des Bauern Wutz sausen ließ – und das arme Schwein erschrak dermaßen, dass es einen Herzanfall bekam und starb. Eine schreckliche Geschichte, finden Sie nicht, Herr Speckbauch?«

»Tatsächlich«, sagt der Lehrer. »Ganz furchtbar. Jetzt verstehe ich, warum du so traurig bist.«

»Schrecklich ist die Geschichte schon«, sagt Hein, »aber sie ist ganz bestimmt nicht wahr.«

Und warum wohl nicht?

Bitte nachdenken vor dem Umblättern.
Die richtige Lösung steht auf Seite 112.

Na, wenigstens lebt Bauer Wutz noch!«, ruft Bolle, als er sieht, wie sauer Herr Speckbauch ist, weil er wieder einmal reingefallen ist.

»Außer solchen Scherzfragen fällt euch auch nichts ein. Schämt euch!«

»Wir kennen auch andere Aufgaben«, sagt Hein Schwein. »Aber wir wollten nur ein bisschen Spaß in die Stunde bringen. Mathematik und Heiterkeit – das passt doch prima zusammen!«

»Ja, ganz toll«, brummelt Bolle.

»Na schön«, sagt Herr Speckbauch. »Dann stellt mir doch einmal eine anständige Aufgabe. Dann sehen wir weiter.«

»Gut. Eine ganz einfache Rechenaufgabe. Stellen Sie sich vor, man würde von Kapstadt in Südafrika bis nach Stockholm in Schweden eine Mauer bauen – zwei Meter breit und drei Meter hoch, und ein Kubikmeter dieser Mauer würde 500 Kilogramm wiegen. Um wie viel Kilo würde die Erde durch diese Mauer schwerer werden?«

»Das ist eine anständige Mathematikfrage«, sagt Herr Speckbauch zufrieden. »Jetzt muss ich nur noch wissen, wie weit es von Kapstadt bis nach Stockholm ist.«

»10.000 Kilometer«, sagt Hein Schwein. »Aber ärgern Sie sich nicht, wenn die Antwort wieder falsch ist.«

»Diesmal ist sie nicht falsch!«

tte nachdenken vor dem Umblättern. Die richtige Lösung steht auf Seite 112.

Richtig gerechnet – aber falsch!«, ruft Bolle begeistert, und die ganze Klasse lacht. Ach, wie blöd. Dabei hat sich Herr Speckbauch doch so viel Mühe gemacht. Das ist oft so. Da rechnet man und rechnet ... und man hätte sich das alles sparen können. Schrecklich für einen Mathelehrer.

Herr Speckbauch schaut grimmig in die Klasse. Anne in der letzten Reihe macht schon wieder diese dämlichen Fadenspiele. Mädchenkram. Schweinemädchen spielen gerne mit Fäden, wickeln sie um ihre Pfoten, ziehen hin und her und knüpfen die verzwicktesten Schlingen und Knoten ...

»Anne! Hör sofort auf damit!«, ruft Herr Speckbauch.

»Das hat nichts mit dem Unterricht zu tun!«

»Hat es doch«, sagt Anne.

»Blödsinn!«

»Doch. Schauen Sie einmal ...« Anne steht auf und kommt mit ihrem Faden nach vorne. »... diese Schlinge ist etwas ganz Besonderes.«

Herr Speckbauch betrachtet nachdenklich das Durcheinander, das ihm Anne vor die Nase hält. »Wenn ich nun an den beiden Enden des Fadens ziehe, was glauben Sie, wie viele Knoten das wohl gibt?«

»Hm ... drei ... oder vier?«

»Schauen Sie noch einmal ganz genau.«

Wie viele Knoten werden es denn nun wirklich?

Bitte nachdenken vor dem Umblättern.
Die richtige Lösung steht auf Seite 113.

»Mädchenkram!«, schnauft Herr Speckbauch. Aber eigentlich schämt er sich. Ausgerechnet das kleine Schweinemädchen hat ihn reingelegt!

»Nun sind wohl alle Fragen beantwortet, und jetzt schreiben wir endlich die Mathearbeit«, sagt er und zieht die Aufgabenblätter aus der Aktentasche.

»Da fällt mir noch etwas ein!«, ruft Hein Schwein und winkt mit der Pfote. »Etwas ganz besonders Trauriges. Letzte Woche ist nämlich mein Onkel Rüssel in einen Brunnenschacht gefallen.«

»Wie schrecklich«, sagt Bolle. »Der arme Onkel Rüssel.«

»Ja. Er fiel hinein, weil er dachte, es wäre ein Topf mit Kartoffelsalat. Aber er hätte es schon merken müssen, denn ein Topf ist doch niemals so groß wie ein Brunnen. Aber er ist halt ein sehr gieriges Schwein.«

»Kartoffelsalat ist aber auch etwas besonders Feines«, sagt James, »besonders mit Gurken und Zwiebeln.«

»Unsinn«, sagt Herr Speckbauch. »Man fällt nicht in einen Topf mit Kartoffelsalat. Und was soll denn das alles mit einer Mathematikaufgabe zu tun haben?«

»Es war so«, sagt Hein Schwein, »dass er in einen 21 Meter tiefen Brunnen fiel. Sofort machte er sich daran, wieder aus dem Schacht herauszuklettern. Er schaffte sieben Meter in der Stunde, dann war er müde, ruhte sich kurz aus und rutschte dabei vier Meter zurück. Dann kletterte er weiter, wurde nach sieben Metern wieder müde, rutschte wieder zurück – und so weiter. Wann erreichte er endlich den Brunnenrand?«

»Stimmt«, sagt Herr Speckbauch, »es ist doch eine Mathematikaufgabe.«

Die richtige Lösung steht auf Seite 113.

Herr Speckbauch schaut auf seine Uhr. Es wird spät. Die Hälfte der Stunde ist schon um. Und irgendwo in der Schule treiben sich der Schulinspektor und der Direktor herum. Gefährlich. Aber noch bevor er endlich die Aufgabenblätter aus der Aktentasche ziehen kann, meldet sich James. »Ich hätte noch eine Frage zu angewandter Mathematik, Herr Speckbauch.« »Dann mach schnell, James. Wir sind spät dran. Sonst beschwert ihr euch wieder, dass ihr zu wenig Zeit habt.«

Bitte nachdenken vor dem Umblättern.
Die richtige Lösung steht auf Seite 113.

»Es ist eine Frage aus der Geschichte. Da belagerten doch im Mittelalter die Ritter von Rippenschmalz die Burg des Speckbarons Siegfried. Der Baron hatte die Zugbrücke hochgezogen, und die Ritter hatten keine Leitern dabei. Um die Burg lief ein Wassergraben, der war zwei Meter breit und vier Meter tief. Das Einzige, was die Ritter in der Umgebung fanden, waren zwei Bretter, aber die waren beide um zehn Zentimeter kürzer als zwei Meter. Nun stellte sich für sie die Frage: Wie konnten sie damit den Wassergraben überbrücken? Ein Ritter war dabei, ein Hartmut von Speckbauch – vielleicht ein Vorfahre von Ihnen –, der den rettenden Einfall hatte. Kommen Sie dahinter, was er machte?«

Herr Speckbauch ist sehr stolz, dass einer seiner Vorfahren ein berühmter Ritter war. Aber wie er mit zwei zu kurzen Brettern über den Graben gekommen ist, das fällt ihm nicht ein.

So ein blöder Ritterquatsch!«, ruft Herr Speckbauch beleidigt, denn er hat wohl gemerkt, dass er mit dem tapferen und schlauen Hartmut nicht verwandt ist. »Immer nur kämpfen und Burgen belagern und Drachen töten – also gegen eine richtig schöne Mathematikaufgabe ist das alles nur kalter Kaffee. Wenn ich nur daran denke, dass man ständig auf Pferden reiten muss. Das ist für ein Schwein nicht gerade die angenehmste Art der Fortbewegung.«

»Aber Pferde müssen ja nicht immer Ritter tragen. Sie können auch auf einem Bauernhof arbeiten«, sagt Hein Schwein. »Und da fällt mir gerade – ganz zufällig übrigens – eine wunderbare mathematische Aufgabe ein. Und sie ist ganz kurz: Ein Bauer steht auf seinem Feld, als ein Pferd auf ihn zukommt. Eine Sekunde später ist er spurlos verschwunden. Was ist da passiert?«

»Eine mathematische Aufgabe soll das sein?«

»Aber ganz bestimmt eine logische«, sagt Hein lächelnd.

Bitte nachdenken vor dem Umblättern.
Die richtige Lösung steht auf Seite 114.

Herr Speckbauch leidet wie ein Hund. Er nimmt sich vor, in der Konditorei Schmatz zwei extra große Stücke Nusstorte (vielleicht sogar ein Tartufo!) zu bestellen, wenn diese Stunde endlich vorüber ist. So schlimm war es ja noch nie. Da erzählen die Leute immer, die Lehrer hätten so ein lockeres Leben, immer Ferien und jeden Nachmittag faulenzen. Ja, wenn es solche Kinder wie Hein, Bolle und James nicht gäbe. Nervensägen alle drei! Und jetzt meldet sich dieser freche James schon wieder. »Ja, bitte?«, sagt Herr Speckbauch. »Aber wirklich nur, wenn es zum Unterricht gehört. Wir haben es eilig!«

»Klar gehört's zum Unterricht; schließlich sollen wir bei Ihnen ja logisches Denken lernen«, sagt James. »Meine Eltern machen gerade wieder eine Abmagerungskur. Und da müssen wir natürlich auch mitmachen. Sie haben unsere Lieblingskekse nicht versteckt, sondern vertauscht. In einer Dose liegen nur Schokoladenkekse, in der anderen nur Vanillekekse, und in der dritten Schokoladen- und Vanillekekse gemischt. Die Dosen sind beschriftet und zwar mit **Schoko/Vanille**, **Schoko** und **Vanille**. Aber sie sind alle vertauscht – es liegt also in keiner das, was draufsteht.«

»Und wozu soll das gut sein?«, fragt Herr Speckbauch.

»Abnehmen und Logik trainieren. Ich darf nämlich jeden Tag aus einer Dose einen Keks herausnehmen. Aber ich darf dabei nicht in die Dose schauen. Wenn ich dann sagen kann, welche Kekse in welchen Dosen sind, darf ich essen, so viel ich will.«

»Hm«, sagt Herr Speckbauch, »das klingt in der Tat nach einem mathematischen Problem ...« Aber in Gedanken ist er schon in der Konditorei Schmatz.

Bitte nachdenken vor dem Umblättern.
Die richtige Lösung steht auf Seite 114.

James grinst über das ganze Gesicht. Seine Eltern sind nach Herrn Speckbauch also höchst begabte Mathematiker. Vielleicht sollten sie ja ab und zu mal Unterricht geben. James Mutter jedenfalls kennt sich unglaublich gut aus in Nachspeisenrezepten. Und sein Vater ist ein berühmter Würfelspieler.

»Ein Würfelspieler?«, fragt Herr Speckbauch und zieht verächtlich den Rüssel hoch. »Das ist doch kein Beruf.«

»Aber ja«, sagt James, der sehr stolz auf seinen Vater ist. »Er hat schon viele internationale Turniere gewonnen. Und er verdient mehr als unser Direktor.«

»Soso«, sagt Herr Speckbauch säuerlich, denn der Schuldirektor verdient doppelt so viel wie er. »Aber mit Mathematik hat Würfeln sicher nichts zu tun. Das ist nämlich ein reines Glücksspiel.«

»Wenn Sie sich da mal nicht täuschen. Mein Vater hat mir ein paar Sachen mit Würfeln beigebracht, die überhaupt nichts mit Glück zu tun haben.«

»Zum Beispiel?«, fragt Herr Speckbauch spitz.

»Nehmen Sie zum Beispiel diesen Stapel Würfel«, sagt

James, zieht fünf Würfel aus der Hosentasche und stellt sie übereinander auf seinen Tisch. »So. Sie können um den Stapel herumgehen und sich alle Augen anschauen. Aber ich kann ganz schnell im Kopf ausrechnen, was all die Augen zusammen ergeben, die man nicht sieht.«

»Interessant«, sagt der Lehrer und betrachtet den Würfelstapel. Neun Würfelflächen sind verdeckt, und die muss man also zusammenzählen. Oben liegt eine Drei.

**Bitte nachdenken vor dem Umblättern.
Die richtige Lösung steht auf Seite 114.**

Herr Speckbauch muss zugeben, dass man mit Würfeln tatsächlich gut rechnen kann. »Übrigens«, sagt Bolle, der schließlich denselben Vater hat wie James, »wissen Sie, wie viele Seiten eines Würfels man maximal auf einmal sehen kann?«

Herr Speckbauch nimmt einen Würfel in die Hand. »Drei«, sagt er. »Das war aber nicht schwer.«

»Stimmt aber nicht«, sagt Bolle und grinst. »Man kann sogar alle auf einmal sehen.«

»Ja, wenn man ihn auf einen Spiegel stellt und einen Spiegel dahinter ... nein, halt, dann kann man die Fläche nicht sehen, auf der er steht.«

»Es ist ganz einfach«, sagt Bolle, »wenn man in dem Würfel sitzt. Schließlich kann man sich auch einen ganz großen Würfel vorstellen, oder?«

»Ach, das sind so Scherzaufgaben«, sagt der Lehrer.

»Ich kenne aber eine, die kein Scherz ist. Es gehen drei Schweine in ein Restaurant und essen das große Menü für 30 Euro. Und weil sie nicht so viel Hunger haben, teilen sie es sich, und als sie gehen, zahlt jedes Schwein zehn Euro. Klar?«

»Noch kann ich dir folgen«, sagt Herr Speckbauch.

»Prima. Aber kaum sind die Schweine gegangen, fällt dem Wirt ein, dass das große Menü heute ja nur 25 Euro kostet. Er schickt ihnen also den Ober mit fünf Euro hinterher. Der denkt sich: Wie soll ich nur fünf Euro auf drei Schweine aufteilen? Ich gebe lieber jedem einen Euro und behalte die zwei übrigen als Trinkgeld. Jedes Schwein bekommt also einen Euro zurück. Nun haben sie jeder neun Euro für das Essen ausgegeben, das sind 27 Euro, und der Ober hat zwei Euro behalten, macht 29 Euro. Wo ist denn der letzte Euro geblieben?«

Bitte nachdenken vor dem Umblättern.
Die richtige Lösung steht auf Seite 115.

Hein Schwein meldet sich schnell, bevor Herr Speckbauch auf dumme Gedanken kommen kann. Der grübelt nämlich immer noch, wo der eine Euro geblieben ist.

»Ist doch toll, da merkt man endlich einmal, wie nützlich Mathematik im Leben eines Schweins sein kann«, sagt Hein. »Meine Mutter ist auch ganz begeistert davon, dass ich so gut rechnen kann. Ohne mich läuft im Haushalt gar nichts mehr, sagt sie.«

»Soso.« Herr Speckbauch kapiert immer noch nicht, wo dieser blöde Euro geblieben ist. Ob ihn der Wirt hat?

»Wissen Sie, dass meine Mutter ohne mich die Waschmaschine nicht mehr anstellt? Ich bin ein mathematisches Wäschegenie, sagt sie.«

»Sauber«, sagt Herr Speckbauch. Vielleicht hat ja auch der Ober heimlich drei statt zwei Euro behalten, oder einer ist ihm aus der Tasche gefallen.

»Wollen Sie mal eine Wäscheaufgabe hören?«, fragt Hein.

»Was? Jaja, aber bloß nichts mit verschwundenen Münzen. Davon hab ich nämlich den Rüssel voll!«

»Also, ein Sockenproblem. Nicht das, warum immer ein Socken in der Waschmaschine verschwindet. Das ist unlösbar. Ein anderes. Im Wäschesack meiner Mutter liegen sechs Paar schwarze und zwölf Paar weiße Socken. Wie oft muss man reingreifen, um ganz sicher ein Paar gleichfarbiger Socken zu haben?«

»Na, das ist ja nicht schwer«, sagt Herr Speckbauch. »Man muss dreimal reinfassen. Ganz klar.«

»Aber leider falsch.«

»Natürlich stimmt das. Beim dritten Mal hat man zwei gleichfarbige Socken in der Pfote.«

»Ich sagte: ein Paar gleichfarbiger Socken!«

Bitte nachdenken vor dem Umblättern.
Die richtige Lösung steht auf Seite 115.

Ich trage sowieso nie Socken«, sagt Herr Speckbauch. »Da weiß man natürlich nicht, dass es linke und rechte gibt.«

Die Drei von der Schweinebande zwinkern sich zu. »So ein schlechter Verlierer«, soll das bedeuten. Naja, fast die Hälfte der Stunde ist schon vorbei, und wenn Herr Speckbauch tatsächlich noch eine Mathearbeit schreiben will, muss er sich jetzt beeilen.

Bolle meldet sich. »Kennen Sie eigentlich das kleine Dorf im Wald hinter Schweinshofen? Da wohnen nämlich komische Leute.«

Herr Speckbauch hat endlich die Aufgabenblätter aus seiner Mappe geholt. »Und jetzt willst du mir eine Frage stellen, damit ihr noch ein bisschen Zeit schindet, oder?«

»Aber Herr Speckbauch! Wie kommen Sie denn auf die Idee? Ich wollte nur wissen, ob Sie schon was vom Dorf der Lügner und Wahrheitssager gehört haben.«

»Nein. Hab ich nicht. Wer will die Aufgaben austeilen?«

Aber keiner meldet sich. Susanne fragt: »Was ist denn das für eine Geschichte? Lügner und Wahrheitssager?«

»Ja«, sagt Bolle. »Die Bauern dort sagen entweder immer die Wahrheit, oder sie lügen immer. Man kann es ihnen aber nicht ansehen. Gestern war ich da und wusste nicht, wie ich zurück nach Hause kommen sollte. Ich stand an einer Weggabelung, und einer der beiden Wege war der richtige, aber welcher? Da kamen zwei Bauern, aber ich wusste ja nicht, welcher von beiden lügt und welcher nicht. Da fiel mir eine Frage ein, mit der ich herausbekam, welcher der beiden Wege der richtige ist.«

Die richtige Lösung steht auf Seite 115.

Man hätte auch eine Karte mitnehmen können«, sagt Herr Speckbauch, dem nichts eingefallen war. »Man darf sich sowieso nicht auf die Empfehlungen der Landbevölkerung verlassen. Was man nicht selber weiß und selber nachlesen kann, ist meistens falsch. Aber jetzt genug geredet – wer von euch teilt die Aufgaben aus?«

Niemand rührt sich. Hein Schwein schaut in die Luft, Bolle bohrt in der Nase, James kramt in seiner Tasche.

»Na komm, Susanne, dann mach du es eben.«

»Die sind mir viel zu schwer«, sagt Susanne.

»So ein Unsinn, das kannst du gar nicht wissen.«

»Wir können es ja abwiegen«, schlägt Bolle vor.

»Abwiegen! Da fällt mir eine Aufgabe ein. Man hat fünf Säcke mit Münzen, die alle dasselbe wiegen, nämlich jede einzelne zehn Gramm. In einem Sack jedoch sind nur gefälschte Münzen. Die wiegen je ein Gramm weniger als die echten. Wie kann man nun mit einer Küchenwaage herauskriegen, in welchem Sack die Fälschungen liegen?«

»Ach, das geht schon«, sagt Herr Speckbauch. »Man muss halt ein paar Mal wiegen.«

»Aber es geht auch, wenn man nur ein einziges Mal wiegt.«

»Nur einmal? Unmöglich!«, sagt Herr Speckbauch.

»Nichts ist unmöglich!«, ruft Bolle.

»Vor allem nicht, wenn man Mitglied der berühmten Schweinebande ist.«

»Na, das möchte ich sehen«, sagt der Mathelehrer.

»Mit einmal wiegen schafft ihr das nie im Leben!«

Bitte nachdenken vor dem Umblättern.
Die richtige Lösung steht auf Seite 116.

Sind Sie eigentlich Radfahrer?«, fragt Bolle seinen Mathelehrer. »Dann hätte ich nämlich eine prima Frage für Sie.«

»Äh ... ja ... ich bin tatsächlich ... aber du versuchst nicht, mich von der Mathearbeit abzuhalten, oder?«

»Nein, klar nicht«, sagt Bolle und macht das Großes-Ehrenwort-Zeichen. »Mir fällt nur gerade eine super Fahrradaufgabe ein. Die Tour de France können Sie ja vergessen, aber bei der Schweinetour, da wird nicht gedopt. Also, die Aufgabe geht so: Zwei Fahrradfahrer, die 60 Kilometer voneinander entfernt sind, fahren gleichzeitig mit einer Geschwindigkeit von zehn

Stundenkilometern aufeinander zu. Als sie losfahren, startet ein Vogel bei dem einen Radfahrer und fliegt mit einer Geschwindigkeit von 25 Stundenkilometern zu dem anderen Radfahrer. Dort angekommen, wendet er und fliegt zu dem ersten zurück. Das wiederholt er so lange, bis die beiden Radfahrer sich treffen. Er fliegt also immer zwischen den beiden hin und her. Welche Gesamtstrecke hat der Vogel am Ende zurückgelegt?«

»Puh …«, macht Herr Speckbauch. »Das klingt nach einer sehr komplizierten Aufgabe.«

»Aber man kann sie auch ganz einfach lösen«, sagt Bolle. »Man muss nur ein bisschen nachdenken.«

Bitte nachdenken vor dem Umblättern.
Die richtige Lösung steht auf Seite 116.

Also das hätte Herr Speckbauch auch einfacher haben können. Aber Mathematiklehrer sind umständliche Menschen. Der Lehrer hat zwar die richtige Lösung gefunden, aber mit einer komplizierten mathematischen Reihe, mit der er seinen Taschenrechner zum Qualmen gebracht hat. Einfacher denken ist immer schlauer.

Herr Speckbauch ist schon ganz schön erschöpft. Aber bloß kein Mitleid. Nur noch eine Viertelstunde!

James meldet sich: »Darf ich Ihnen eine kleine Frage zur Entspannung stellen, Herr Speckbauch?«

»Zur Entspannung? Ich bin erst wieder entspannt, wenn ich in meiner Badewanne liege. Na, meinetwegen.«

»Das ist eine Frage von meinem Onkel Hochrippe, der als Sprengmeister arbeitet. Eine gefährliche Arbeit.
Eines Tages musste er genau 45 Minuten abmessen, um rechtzeitig wegzulaufen, hatte aber keine Uhr dabei. Aber er hatte zwei Zündschnüre, die beide jeweils genau eine Stunde brannten. Allerdings unregelmäßig, man konnte sie also nicht auseinanderschneiden um eine Viertelstunde abzumessen. Außerdem hatte Onkel Hochrippe nur Zündhölzer dabei. Trotzdem konnte er genau die Zeitspanne von 45 Minuten abmessen.
Kommen Sie darauf, wie er das gemacht hat?«

»Puh ...«, macht Herr Speckbauch, »... bei der Geschichte wird's mir ja noch heißer.«

Bitte nachdenken vor dem Umblättern.
Die richtige Lösung steht auf Seite 116.

Fast, Herr Speckbauch«, sagt James. »Aber wenn mein Onkel das so wie Sie gemacht hätte, wäre er in die Luft geflogen. Sie können froh sein, dass Mathelehrer kein so gefährlicher Beruf ist.«

»Aber Nerven kostet er auch«, sagt Herr Speckbauch, »und zwar ganz gewaltig!«

»Aber es ist nicht so schlimm, wenn man sich mal verrechnet«, sagt Hein. »Bei einer Sprengung kann da schon mehr passieren.«

»Oder wenn man die Länge von einem Bungee-Seil falsch ausrechnet«, sagt Bolle.

»Wenn ein Apotheker sich verzählt, kann es auch unangenehm werden.«

»Oder ein Pilot, der nicht rechnen kann und dem das Benzin ausgeht ...«

»... oder der sich verfliegt.«

Jedem in der Klasse fällt plötzlich etwas ein, was beweist, dass Mathematik ein ganz tolles, unglaublich wichtiges Fach ist. Herr Speckbauch wird misstrauisch.

»Wollt ihr mich eigentlich veräppeln?«, fragt er stirnrunzelnd, was bei einem Schwein sehr ulkig aussieht.

»Aber nein«, sagt Hein. »Wir wollten nur betonen, dass man Mathematik jeden Tag braucht und in jedem Beruf. Zum Beispiel als Gärtner ...«

»Ach?«, sagt Herr Speckbauch. »Blumen zählen, oder?«

»Nein. Wenn man etwa eine Allee pflanzen will. Nehmen wir mal an, eine 300 Meter lange Straße soll mit Fichten bepflanzt werden, und zwar in Abständen von je einem Meter. Wie viele kleine Fichtensetzlinge muss der Gärtner dann mitnehmen?«

Bitte nachdenken vor dem Umblättern.
Die richtige Lösung steht auf Seite 116.

Rennfahrer müssen auch rechnen können!«, ruft James. Denn das ist sein großer Traum: Fahrer in der Schweineformel Eins zu werden und auf einem schnellen Mofa über die berühmte Schlammstrecke von Mozzarella zu brausen.

»Soso«, sagt Herr Speckbauch, »und ich dachte immer, Rennfahrer brauchen nur gute Augen und starke Oberarme.«

»Unsinn! Letztes Wochenende war die Qualifizierung für die Europameisterschaft im Schlammfahren. Und stellen Sie sich nur vor, was passiert ist!«

»Keine Ahnung«, sagt Herr Speckbauch und schaut auf die Uhr. Verflixt, das wird eng.

»Also, man musste zwei Qualifizierungsrunden fahren, insgesamt mit einer Durchschnittsgeschwindigkeit von 40 Stundenkilometern. Aber gleich am Anfang bekam ich so einen blöden Ast in die Speichen, und der hat mich so lange aufgehalten, dass ich nach der ersten Runde nur auf eine Durchschnittsgeschwindigkeit von 20 Stundenkilometern kam.«

»Na und?«, fragt Herr Speckbauch. »Das ist doch nicht schlimm. Da fährt man in der zweiten eben schneller.«

»Ich hab aber gleich aufgegeben«, sagt James.

»Das war etwas voreilig.«

»Wie schnell hätte ich in der zweiten Runde denn fahren müssen, damit ich auf einen Gesamtdurchschnitt von 40 Stundenkilometern gekommen wäre?«

»Moment mal, das kann ja nicht so schwer sein ...«, sagt Herr Speckbauch und holt den Taschenrechner heraus.

Die richtige Lösung steht auf Seite 117.

Herr Speckbauch schaut böse auf den Taschenrechner. Aber der war ja gar nicht schuld daran, dass er die letzte Aufgabe so vermasselt hat. Unvorstellbar eigentlich, dass man so schnell fahren kann wie man will – wenn man in der ersten Runde zu langsam fährt, kann man es in der zweiten nicht mehr ausgleichen.

Anne muss daran denken, dass sie ihre Sechser in Mathe so kurz vor den Zeugnissen auch nicht mehr ausgleichen kann. Da würde es sogar nichts helfen, wenn sie in der letzten Arbeit eine Eins bekäme.

Sie ist zwar schlecht in Mathematik, aber trotzdem ein kluges Schweinemädchen. Als sie gestern mit ihrem Vater beim Fischen war, konnte sie das beweisen.
Er nimmt immer einen Felsbrocken mit, den er – als Anker, an einer langen Leine befestigt – über Bord wirft. Es gibt jedesmal einen mächtigen Platsch, und Anne ist danach klatschnass. Irgendwann sinkt der Felsen auf den Grund, und über die Leine bleibt das Boot an Papas Lieblingsangelplatz stehen. Und weil es so langweilig ist, stundenlang neben dem Vater zu sitzen und immer den Schwimmer an der Angel zu beobachten (denn ihr Vater fängt meistens keinen einzigen Fisch) und nicht sprechen zu dürfen, weil Papa sonst immer »Schhht! Vergraul mir die Fische nicht!« sagt, hat sich Anne überlegt, was wohl mit dem Wasser im See passiert, wenn man aus einem Boot einen Stein hineinwirft. Steigt das Wasser, bleibt es gleich oder sinkt der Wasserstand gar? Ihr glaubt, das sei eine dumme Frage? Aber nein. Anne hat sie Herrn Speckbauch gestellt, und der musste ganz schön heftig nachdenken.

Die richtige Lösung steht auf Seite 117.

»Darauf wäre ich nie gekommen!«, sagt Hein bewundernd. »Anne, du bist ja wirklich ein schlaues Ferkel. Vielleicht sollten wir dich als Ehrenmitglied in die Schweinebande aufnehmen?«

Bolle und James nicken anerkennend. Sogar Herr Speckbauch ist beeindruckt. »Ich werde mir das mit deiner Mathematiknote noch einmal überlegen, Anne. Aber trotzdem sollten wir jetzt langsam ...«

»Ach, Herr Speckbauch«, sagt Bolle, »jetzt lohnt es sich doch nicht mehr. Die Stunde ist gleich um. Lassen Sie uns lieber noch ein paar Rätsel lösen. Ich weiß noch eines: Im Wilden Westen wurden drei Schweine von Indianern gefangen genommen und an drei Marterpfähle gefesselt. Die Pfähle standen in einer Reihe, und die Schweine waren so angebunden, dass das am letzten Marterpfahl die anderen zwei Schweine von hinten sehen konnte. Das an den mittleren Marterpfahl gefesselte Schwein konnte nur ein Schwein von hinten sehen. Das an den vorderen Marterpfahl gebundene Schwein konnte keinen seiner Mitgefangenen sehen. Der Häuptling nahm nun fünf Adlerfedern, drei schwarze und zwei weiße, in die Hand. Er zeigte den drei Schweinen die fünf Federn. Dann steckte er jedem der drei Gefangenen eine der Federn so hinters Ohr, dass die Farbe der Feder von hinten zwar zu sehen war, kein Schwein aber seine eigene Feder sehen konnte. Der Häuptling sagte nun: »Wenn eins von euch Schweinen herausfinden kann, welche Farbe die Feder hinter seinem Ohr hat, lasse ich euch alle frei. Aber ihr dürft nicht miteinander reden.« Lange Zeit schwiegen die Schweine. Dann sagte ein Schwein eine Farbe. Sie stimmte, und alle kamen frei. Welches Schwein löste das Rätsel, und welche Farbe hatte die Feder hinter seinem Ohr?«

Bitte nachdenken vor dem Umblättern.
Die richtige Lösung steht auf Seite 117.

Leider hat Herr Speckbauch falsch geraten. Zu dumm. Gut, dass nicht er an den Marterpfahl gefesselt war. Der Schweinebande fallen langsam keine Rätsel mehr ein. Herr Speckbauch zieht das Notenbuch aus der Tasche. Er kann ja wenigstens noch ein paar Schweine mündlich prüfen. Anne wird blass und macht Hein Schwein aufgeregt Zeichen, er soll sich ganz schnell was überlegen.

»Herr Speckbauch«, sagt Hein, »da fällt mir gerade noch etwas ein, was meinem Vater und seinen drei Brüdern gestern Nacht passiert ist. Interessiert Sie das?«

»Nein«, sagt Herr Speckbauch. »Denn es wird bestimmt nichts mit Mathematik zu tun haben.«

»Doch. Es war nämlich so: Sie haben Geburtstag gefeiert – mein Vater und seine Brüder sind nämlich am selben Tag auf die Welt gekommen – und ein paar Bier zu viel getrunken. Danach waren sie nicht mehr ganz sicher auf den Beinen. Um nach Hause zu kommen, mussten sie die alte Dorfbrücke überqueren, über die ja immer nur zwei Schweine auf einmal gehen können. Es war genau

Mitternacht, und die vier hatten nur eine Taschenlampe dabei. Der erste Bruder – der am wenigsten getrunken hatte – brauchte 5 Minuten, um die Brücke zu überqueren, der zweite 10 Minuten, der dritte 20 und der vierte 25. Einer musste immer wieder zurückgehen um dem Nächsten mit der Taschenlampe den Weg zu leuchten. Die vier hatten also nur eine Stunde Zeit, bis die Brücke geschlossen wurde. Wie konnten sie es schaffen, trotzdem alle rechtzeitig ins Dorf zu kommen?«

Bitte nachdenken vor dem Umblättern.
Die richtige Lösung steht auf Seite 118.

Herr Speckbauch schummelt!«, ruft die Anne. »Dass der Letzte durch den Teich schwimmt, gilt nämlich nicht!«

»Man muss auch mal kreative Wege gehen«, sagt Herr Speckbauch. Aber er schämt sich schon ein wenig, dass er die Aufgabe nicht lösen konnte. »Die ersten beiden Schweine können ja in den Dorfteich leuchten, während sie über die Brücke gehen, und dann kann das dritte Schwein daneben herschwimmen – oder sie schwimmen gleich alle vier ...«

»Das geht aber nicht«, sagt Hein Schwein.

»Ach, wieso denn nicht? Kann dein Vater etwa nicht schwimmen?«

»Das kann er schon. Aber der Teich ist voller Seerosen. Da kann man nicht schwimmen.«

»Soso. Das ist mir neu.«

»Sie haben sich sehr schnell entwickelt, weil es so heiß war. Vor einer Woche waren es nur zwei. Seitdem haben sie sich jeden Tag verdoppelt. Nach einer Woche war der Teich bedeckt von Seerosen. Was meinen Sie, wann der Teich zu einem Viertel voller Seerosen war?«

»Das ist nicht schwer«, sagt Herr Speckbauch.

Bitte nachdenken vor dem Umblättern.
Die richtige Lösung steht auf Seite 118.

Na, seht ihr!«, sagt Herr Speckbauch stolz, denn er hat die Aufgabe richtig gelöst, »jetzt versteht ihr wohl, warum man Mathematik immer und überall braucht. Und Mathematik ist nicht nur Rechnen, nein, es ist auch logisches Denken und Geometrie und ...«

»Kann ich mit Mathematik auch meine Kette wieder reparieren?«, fragt Anne aus der letzten Bank. »Die hat mir Bolle nämlich heute morgen beim Raufen zerrissen. Schauen Sie nur ...«

Anne zeigt Herrn Speckbauch ihre silberne Lieblingskette, die mit den kleinen Glücksschweinchen daran. Sie ist in vier Teile zerrissen: Ein Teil besteht aus drei Kettengliedern, ein Teil aus vier Gliedern und zwei Teile bestehen aus fünf Gliedern. Alle Kettenglieder sind geschlossen. Um die Kette zu reparieren, muss man ein Glied aufbiegen, ein anderes einhängen und das Glied wieder schließen. Aber das ist ganz schön viel Arbeit.

»Wie viele Kettenglieder muss ich denn höchstens aufbiegen, damit meine Kette wieder ganz ist?«, fragt Anne.

»Na, das ist ja wirklich keine schwere Aufgabe. Du biegst von jedem Kettenteil ein Glied auf und verbindest es mit dem nächsten. Das sind also ... vier Glieder.«

»Aber es geht noch schneller«, ruft Hein Schwein. »Man muss gar nicht so viele Glieder aufbiegen.«

»Soso, Herr Neunmalklug«, sagt Herr Speckbauch, »ich glaube aber, dass du dich diesmal schwer täuschst.«

Bitte nachdenken vor dem Umblättern.
Die richtige Lösung steht auf Seite 118.

Also, das ist keine Mathematik, sondern ein doofer Mathetrick«, sagt Herr Speckbauch beleidigt. »Ob man eine Kette nun so oder anders zusammensetzt ... also wirklich!«

»Es ist nicht egal, ob man es so oder anders macht. Bei der Kette spart man was, aber bei meinem Onkel Rüssel wäre es ohne Mathematrick nicht gegangen«, sagt Hein.

»Was wäre nicht gegangen?«

»Der Vater von Onkel Rüssel hat ihm und seinen vier Kindern ein Stück Land und ein Haus vererbt. Das Haus steht in einem Viertel des Grundstücks. Ich zeichne es Ihnen mal an die Tafel«, sagt Hein. Er geht nach vorne, nimmt ein Stück Kreide und zeichnet. »Sehen Sie, es ist ein quadratisches Stück Land, und da steht das Haus. Dieses Viertel mit dem Haus sollte mein Onkel Rüssel bekommen. Den restlichen Grund sollten sich seine vier Kinder teilen. Aber jedes Kind sollte sowohl gleich viel Fläche an Land als auch die gleiche Form bekommen. Und wenn Onkel Rüssel keine Mathematricks gekannt hätte, wäre das nie gegangen.«

»Hm«, macht Herr Speckbauch und betrachtet die Zeichnung. »Ich nehme mal an, dass man das Land nur mit geraden Linien teilen darf?«

»Genau«, sagt Hein. »Und es ist gar kein doofer Mathetrick, sondern schweineschlau, wie mein Onkel das Problem gelöst hat.«

»Wenn es ein Schwein gelöst hat, kann ich es auch«, sagt Herr Speckbauch und fängt an zu denken.

Die richtige Lösung steht auf Seite 119.

»Nur noch zehn Minuten!«, sagt Herr Speckbauch. »Die Mathematikarbeit können wir vergessen. Aber ich werde noch ein paar von euch mündich prüfen, vor allem die, die auf einer wackligen Vier stehen ...«

»Aber mich bitte nicht«, sagt Susanne. »Ich hab nämlich heute Geburtstag. Und da muss man nett sein zu kleinen Schweinen.«

»Soso. Gratuliere«, sagt Herr Speckbauch. »Dann nehmen wir eben die Anne.«

»Aber ich hab doch auch Geburtstag. Schließlich sind wir Zwillinge.«

Herr Speckbauch blättert in seinem Notenbuch. Aber bevor er auf Bolle stößt (der auf einer ganz schlechten Vier steht), fragt der schnell die Zwillinge: »Was habt ihr euch denn zum Geburtstag gewünscht?«

»Also, einig waren wir uns, dass wir zum Gokart-Fahren wollen«, sagt Anne, »und danach ins Kino. Aber da haben wir uns gestritten. Ich wollte “Schweine im Weltall” sehen ...«

»So ein Quatsch!«, sagt Susanne, »der ist doch total blöd! Wir gehen in “Miss Piggy und der Eber”. Das ist cool!«

»Und wie wollt ihr euch einigen?«, fragt Herr Speckbauch.

»Da hatte Papa schon eine Idee. Wir sollen mit den Gokarts um die Wette fahren. Wessen Gokart zuletzt ins Ziel kommt, der darf bestimmen, in welchen Film wir gehen.«

»Das ist vielleicht eine blöde Idee«, stöhnt Anne.

»Und ungerecht«, mault Susanne.

Stimmt gar nicht. Das geht ganz einfach. Nur wie?

Bitte nachdenken vor dem Umblättern.
Die richtige Lösung steht auf Seite 119

Eigentlich müssten wir eine kleine Party für Anne und Susanne geben«, sagt James. »Ausfragen lohnt sich ja jetzt doch nicht mehr. Die Stunde ist gleich rum. Was meint ihr?«

Alle finden, dass er recht hat, und Herr Speckbauch steckt endlich das Notenbuch ein. »Na gut, holt ein paar Flaschen Limo, damit wir anstoßen können«, sagt er. »Aber seid leise. Der Direktor und der Schulinspektor schleichen nämlich irgendwo im Haus herum.«

Zwei Minuten später kommt James mit 21 Flaschen Limo zurück, man schenkt aus und prostet sich zu, lässt Anne, Susanne und den wunderbaren Herrn Speckbauch hochleben, singt »Happy Birthday« ... als plötzlich die

Tür aufgeht und zwei Schweine in dunklen Anzügen auf der Schwelle stehen.

»Täusche ich mich, oder sollten Sie hier nicht Mathematik unterrichten, Herr Kollege?«, sagt das eine Schwein. Das andere schüttelt den Kopf und flüstert: »Unerhört.« Herr Speckbauch ist bleich und starr wie Marmor und kriegt den Mund nicht auf. Hein Schwein rettet ihn.

»Das ist unser Mathematikunterricht. Und wir lernen gerade anschauliches Teilen. Kennen Sie das nicht?«

Der Direktor schüttelt den Kopf. Hein winkt Bolle und James zu sich und deutet auf die Limoflaschen, die auf dem Lehrerpult stehen. »Also, die Aufgabe geht so: Drei Schweine sollen 21 Flaschen, von denen sieben voll, sieben halbvoll und sieben leer sind, so untereinander teilen, dass jeder gleich viel Limo und gleich viele Flaschen bekommt.«

»Interessant«, sagt der Schulinspektor.

»Mal was Neues, Herr Kollege. Sehr modern.«

»Wissen Sie auch, wie man die Flaschen verteilen muss?«, fragt Hein die beiden scheinheilig.

Bitte nachdenken vor dem Umblättern.
Die richtige Lösung steht auf Seite 119.

Schön und gut«, sagt der Direktor, »das war eine interessante Frage, aber das ist doch keine Mathematik. Übt ihr denn nicht Rechnen?«

»Och, Rechnen ist doch sooo langweilig«, sagt Bolle.

»Zahlen sind sowas von uncool ...«, sagt James.

»Außerdem sind sie völlig unzuverlässig«, sagt Hein.

»Wie bitte?!«, ruft der Direktor. »Ausgerechnet du kleines Schweinchen erzählst mir was von unzuverlässig?«

»Ja. Sie werden doch bestimmt zugeben, dass eine Zahl immer dann kleiner wird, wenn man ihr vorne eine Ziffer wegnimmt.«

Herr Speckbauch hält lieber den Mund. Noch einmal will er sich von diesem Hein nicht reinlegen lassen. Vor allem nicht vor seinen Vorgesetzten. Aber die sind sich ganz sicher: Wenn man von einer Zahl die erste Ziffer wegnimmt, wird sie natürlich kleiner statt größer. Das ist doch ganz klar.

»Natürlich stimmt das, mein Junge. Ganz sicher!«

»Ich kenne aber Zahlen, die größer werden, wenn man die erste Ziffer wegnimmt.«

»Unsinn!«, sagt der Direktor.

»Das müssten wir doch wissen«, sagt der Schulinspektor.

Bitte nachdenken vor dem Umblättern.
Die richtige Lösung steht auf Seite 120.

Aha, ein Schlauberger!«, sagt der Direktor mit säuerlicher Miene, denn er hat noch weniger Humor als Herr Speckbauch. »Gratuliere, Herr Kollege, da haben Sie ja eine ganz feine Klasse. Sind es lauter Besserwisser?«

»Öhöm ... ja ... also ...«, sagt Herr Speckbauch und würde sich am liebsten in der Schublade seines Schreibtischs verkriechen. »Sie sind schon in Ordnung ... und schlau sind sie auch.«

»Dich kenn ich doch«, sagt der Direktor zu Hein Schwein, »du bist doch der Sohn von Sandra Schmalz. Die war nämlich als kleines Mädchen in meiner Klasse. Wie alt ist deine Mutter denn inzwischen?«

»Tja«, sagt Hein Schwein, »nachdem das eine Mathematikstunde ist, will ich mal so sagen: Ich bin zwölf Jahre alt und meine Schwester Anne zehn. In acht Jahren sind wir zusammen genauso alt, wie mein Vater war, als ich zur Welt kam. Meine Mutter ist übrigens vier Jahre jünger als mein Vater.«

»Soso«, sagt der Direktor, »sehr interessant. Aber ich

glaube nicht, dass ich dich danach gefragt habe.«

»Aber klar. Wenn man das alles weiß, kann man nämlich ausrechnen, wie alt meine Mutter heute ist. Oder nicht?«

»Mal sehen«, sagt der Direktor und greift zur Kreide. »Dann lasst uns mal das Alter von Heins Mutter ausrechnen ...«

»Wir haben auch noch einen Hund«, sagt Hein lässig, »einen echten Schweinehund. Dessen Alter kann man auch ausrechnen. Dafür zählt man die Jahre zusammen, die die männlichen Schweine in meiner Familie alt sind und zieht davon die Jahre der weiblichen Schweine ab.«

Jetzt mischt sich der Schulinspektor ein. »Kinder, aber wo bleibt die praktische Anwendung?«, ruft er. »Wir lernen doch nicht für die Schule, sondern für das Leben! Schließlich sind wir doch moderne Schweine.«

James meldet sich. »Wir können auch praktische Mathematik. Herr Speckbauch legt darauf größten Wert.«

Herr Speckbauch schaut James freundlich an.

»Gestern beim Baden konnte ich mal wieder praktische Mathematik anwenden. Und das ging so: Am Strand legten wir mit unseren Decken Plätze für alle Schweinekinder aus. Es waren Anne, Bolle, Hein und ich. Jedes Kind hatte eine quadratische Decke dabei. Weil der Wind

so stark wehte, legten wir auf die Ränder der Decken Holzstämme. 16 Stämme hatten wir gefunden, und das reichte gerade, so wie auf dieser Zeichnung.«

James malte sie schnell an die Tafel.

»Aber dann kam auch noch Susanne, und die wollte natürlich auch einen Platz für ihre Decke. Und sie sollte am Rand genauso befestigt sein wie unsere. Aber es waren eben nur 16 Balken da.«

»Naja«, sagt der Schulinspektor, »dann hat sie sich eben mit auf die Decke ihrer Schwester gelegt. Dafür braucht man keine Mathematik.«

»Doch. Wir haben nämlich einen Weg gefunden, wie alle fünf Decken an allen Rändern von den 16 Balken festgehalten werden.«

»Das glaub ich dir nicht …«

»Das geht sogar ganz leicht«, sagt James. »Ich gebe Ihnen noch einen Tipp: Sie müssen nämlich nur zwei Balken umlegen.«

Übrigens: Mit einem Balken mehr könnte man sogar sechs Decken auf allen vier Seiten beschweren.

Sehen Sie, Herr Kollege«, sagt Herr Speckbauch ganz begeistert, denn er hat die richtige Lösung gefunden, »das ist die praktische Anwendung. Das ist jetzt nämlich ganz modern, diese ... diese ...«

»... Mathematricks!«, ruft James.

»Richtig, Mathematricks. Eine neue Unterrichtsform an der Schweineschule.«

»Beeindruckend«, sagt der Schulinspektor.

»Haben Sie vielleicht noch ein Beispiel?«

Herr Speckbauch schaut die Schweinebande hilfesuchend an, denn ihm fällt keine Aufgabe ein.

»Haben Sie die Aufgabe mit der Landkarte vergessen, die Sie uns vorhin gestellt haben?«, fragt Hein Schwein und zwinkert ihm zu.

»Die war doch toll.«

»Stimmt«, sagt Herr Speckbauch. »Dann kannst du sie ja den Herren stellen.«

»Na gut.« Hein nimmt die Kreide und malt eine große Landkarte an die Tafel.

»Hier liegen ganz viele Länder nebeneinander, und damit man sie besser auseinanderhalten kann, malt man die verschiedenen Länder mit verschiedenen Farben aus. Wir haben gelbe Kreide und rote, blaue, grüne, violette, orange ... Aber wie viele Farben braucht man denn höchstens, damit nie zwei gleiche Farben an der Grenze nebeneinander liegen?«

Bitte nachdenken vor dem Umblättern.
Die richtige Lösung steht auf Seite 121.

Mathematricks«, sagt der Schulinspektor, »sollte man vielleicht an allen Schweineschulen im Land einführen. Schließlich wird es ja langsam Zeit für eine Schulreform.«

»Ganz Ihrer Meinung, Herr Kollege«, sagt der Direktor. »Geben Sie uns doch noch ein paar Beispiele, lieber Herr Speckbauch.«

»Das …«, sagt Herr Speckbauch strahlend, »… können jetzt meine Schüler machen. Sie haben schon so viel von mir gelernt.«

James fängt an: »Zwischen zwei Pfählen ist eine zehn Meter lange Leine so aufgehängt, dass sie in der Mitte fünf Meter durchhängt. Welchen Abstand müssen die Pfähle haben?«

Hein stellt die zweite Aufgabe. »Eine Flasche kostet mit Korken sechs Euro. Die Flasche allein kostet schon fünf Euro mehr als der Korken. Wie viel kostet dann der Korken?«

»Halt, halt!«, ruft der Schulinspektor. »Nicht so schnell. Das muss man sich gut überlegen …«

Bolle ist auch noch eine Aufgabe eingefallen. »Was ist mehr – sechs Dutzend Dutzende oder die Hälfte von einem Dutzend Dutzende?«

»Moment!«, ruft der Direktor. »Bei euch kommt man ja nicht zum Nachdenken. Ich brauche absolute Ruhe – sonst kann ich mich nicht konzentrieren.«

Der Direktor und der Schulinspektor kneifen beide die Augen zusammen und pressen die Pfoten an die Stirne, so als ob sie die Lösungen herausquetschen wollten. Das sieht sehr beeindruckend aus, und es wird ganz still in der Klasse.

Bitte nachdenken vor dem Umblättern.
Die richtige Lösung steht auf Seite 121.

Schade, schade!«, sagt Hein Schwein. »Aber alle drei Antworten waren falsch. Vielleicht sollten Sie noch etwas üben. Möchten Sie ein paar neue Mathematricks-Fragen hören?«

Und sofort ist in der Klasse die Hölle los. Anne schreit: »In welchem Monat mäht man Heu? Schon im Juni oder erst im Juli?«

Ihrer Schwester ist auch etwas eingefallen. »Wie kann man Wasser mit nur drei Buchstaben schreiben?«

Bolle sagt: »Ich kann Ihnen fünf aufeinanderfolgende Tage nennen, ohne auch nur einmal das Wort "Tag" zu benutzen!«

James sagt: »Neun Krähen sitzen auf einem Zaun. Ein Jäger schießt drei herunter. Wie viele bleiben sitzen?«

Hein ruft: »Wenn 27 Mathelehrer und 799 Schüler einen Ausflug machen und dabei 34 Kilometer ...«

»Aus! Schluss, aus, Ruhe!«, kreischt der Direktor. »Ich will keine Aufgaben mehr hören. Das wird mir alles zu viel. Diese Mathematricks sind noch nicht völlig ausgereift.«

»Ich bin ganz Ihrer Meinung, Herr Kollege«, sagt der

Schulinspektor. »Wir sollten langsam in die Mittagspause gehen. Die Stunde ist ja gleich aus. Ich möchte zum Schluss noch einen Blick in das Klassenbuch werfen.«

Herr Speckbauch wird blass. Im Klassenbuch steht ja, dass er heute eine Mathearbeit schreiben wollte. Was nun? Die Schweinebande kann auch nicht helfen.

»Das Klassenbuch, ja also ...« sagt Herr Speckbauch, »... das ist ... ähem ... verschwunden.«

Bitte nachdenken vor dem Umblättern.
Die richtige Lösung steht auf Seite 121.

Der Direktor tobt. »Das ist doch die Höhe!«, schreit er. »Jetzt ist sogar das Klassenbuch verschwunden. Wie schaffen Sie es eigentlich, in einem solchen Chaos zu unterrichten, Herr Kollege?«

»Ich schaffe es schon lange nicht mehr«, seufzt Herr Speckbauch erschöpft.

»Wer hat das Buch denn nun? Los Kinder, raus damit!«

»Das war natürlich wieder Bolle«, sagt James.

»James war's jedenfalls nicht«, sagt Hein.

»Du hast es selber versteckt, Hein!«, ruft Bolle.

»Ich verstecke nie etwas«, sagt Hein.

»So kommen wir nicht weiter«, sagt Hein zu Herrn Speckbauch. »Sie sollten uns wirklich helfen.«

»Na gut. Nur einer von den dreien hat die Wahrheit gesagt.« Und zu dem Direktor und dem Inspektor sagt er: »Jetzt müssten Sie eigentlich wissen, wer das Klassenbuch versteckt hat.«

Der Direktor und der Schulinspektor schauen sich überrascht an. Sie kneifen die Augen zusammen und denken so fest nach, bis ihre Köpfe wie Himbeeren aussehen. Es läutet, die Klasse springt auf, und alle rennen zur Tür hinaus. Im Vorbeilaufen flüstert Hein Schwein seinem Lehrer noch zu: »Das haben Sie großartig gemacht. Dafür dürfen Sie nächstes Mal auch Ihre Mathearbeit schreiben.«

»Hau bloß ab, Hein!«, stöhnt Herr Speckbauch und schleppt sich aus dem Klassenzimmer. Vorbei an seinen immer noch grübelnden Vorgesetzten. Er wird sich jetzt gleich in der Konditorei drei Nusskuchen und ein großes Tartufo bestellen. Und ganz in Gedanken schließt Herr Speckbauch hinter sich die Türe ab …

Bitte nachdenken vor dem Umblättern.
Die richtige Lösung steht auf Seite 122.

MATHEMAtricks

Auflösungen

(Aufgabe von Seite 10) Und so geht es: Man legt zuerst die Zwei-Euro-Münze auf den Tisch, darauf die zwei Zehn-Cent-Münzen, und zwar so, dass sie sich in der Mitte des Zwei-Euro-Stücks berühren. Nun stellt man vorsichtig die beiden 50-Cent-Münzen darauf – und tatsächlich berühren sich die vier Münzen auf dem Zwei-Euro-Stück alle an den Rändern.

Da hilft es Heins Mathelehrer auch nicht, dass er sagt, es ginge nur, wenn der Tisch nicht wackelt und absolut gerade steht.

»Er ist eben ein schlechter Verlierer«, denkt Hein.

(Aufgabe von Seite 12)

Wahrscheinlich hast du den gleichen Fehler gemacht wie Bolle. Du hast gedacht: Wenn ich keine Schwestern und Brüder habe, muss das Kind meines Vaters ich selber sein. Das stimmt zwar, aber danach war nicht gefragt, sondern nach dem Mann auf dem Bild. Und wenn du »Kind meines Vaters« durch »ich« ersetzt, heißt es: Ich bin der Vater dieses Mannes. Dann weißt du auch, wer der Mann auf dem Bild ist: dein Kind nämlich.

(Aufgabe von Seite 14) James ist wirklich ein hinterlistiges kleines Schwein. Aber auf die einfachste Lösung kommt man ja oft am schwersten. Man muss natürlich nur den Badewannenstöpsel ziehen, dann kann das Wasser ablaufen. Und Herr Speckbauch ist ein schlechter Verlierer, denn er meint, dass damit das Wasser auf dem Badezimmerboden nicht ablaufen kann. »Egal«, sagt James. »Irgendwann wird die Mutter schon nach Hause kommen. Die Frage war doch nur, was das Schwein vor dem Ertrinken rettet.«

(Aufgabe von Seite 16) Herr Speckbauch hat es nicht herausbekommen. Dabei ist es gar nicht so schwer. Wenn immer ein Schwein, das lügt, neben einem sitzt, das die Wahrheit sagt, muss es eine gerade Anzahl Schweine sein. Anders geht es nicht, das kannst du gerne einmal ausprobieren. Also können es nicht neun Schweine sein, der Nachbar muss also die Wahrheit gesagt haben – und damit sind es zehn Schweine.

(Aufgabe von Seite 18) Doch, das kann man schon. Man muss nur daran denken (vielleicht macht man sich auch eine kleine Skizze dazu), dass 18 Schweine aus der Klasse beides können – schwimmen und tauchen –, und damit von 24 Schweinen insgesamt noch sechs übrig bleiben, die entweder das Eine oder das Andere können. Von den Nur-Schwimmern sind das drei (21 minus 18) und von den Nur-Tauchern zwei (20 minus 18), also zusammen fünf. Es bleibt also nur ein einziges Schweinchen übrig (18 + 5 = 23), das beides nicht kann, also weder schwimmen noch tauchen. Es kann also gar nichts und geht sofort unter, wenn es ins Wasser fällt. Und das war auch tatsächlich so: Lisbeth ging sofort unter wie ein Stein, als sie ins Becken fiel. Doch der tapfere Hein sprang hinterher und rettete sie.

(Aufgabe von Seite 20) Die Schweine im Dschungel-Camp waren schlau, schlauer jedenfalls als Herr Speckbauch. Sie füllten einfach Wasser in die Lampe. Öl und Wasser vermischen sich nicht, und Öl schwimmt auf Wasser, weil es leichter ist. Deshalb schwimmen auch die Fettaugen auf der Brühe. Das übrig gebliebene Petroleum schwamm also auf dem Wasser, der Docht konnte es wieder erreichen – und die Lampe brannte.

(Aufgabe von Seite 22) Das Wasser hob das ganze Schiff in die Höhe, und der Matrose musste keine einzige Sprosse höher steigen.

(Aufgabe von Seite 24) James hat wieder gewonnen. Er lief die 100 Meter in der Zeit, die Bolle für 95 Meter brauchte, weil Bolle ja beim ersten Lauf fünf Meter hinter ihm war, als James ins Ziel kam. Also sind die beiden beim zweiten Rennen fünf Meter vor dem Ziel auf gleicher Höhe – und weil James der Schnellere ist, hat er Bolle auf den letzten fünf Metern noch überholt.

(Aufgabe von Seite 26) Ein voll beladener Möbelwagen ist ziemlich schwer. Dadurch werden Reifen und Stoßdämpfer zusammengedrückt, so dass er tiefer liegt als unbeladen. Die paar Zentimeter waren es, die gereicht hatten, damit er beladen gerade noch unter der Einfahrt durchkam. Entladen wurde der Wagen höher und steckte fest. Was tun? Man könnte ihn wieder beschweren (das ganze Zeug aus dem zweiten Stock heruntertragen und wieder einladen), aber es geht auch anders. Die Möbelpacker ließen einfach etwas Luft aus den Reifen, bis der Wagen so niedrig war, dass er unter dem Tor hindurchpasste. Draußen pumpten sie die Reifen wieder auf.

(Aufgabe von Seite 28) Da hat uns Bolle schön an der Nase herumgeführt. Jeder – natürlich auch Herr Speckbauch – hatte gedacht, man müsste immer die Zahl, die Bolle genannt hatte, durch zwei teilen. Die Parole war aber in Wirklichkeit die Anzahl der Buchstaben, die jede Zahl hatte. Also war die richtige Antwort bei »Vierzehn« nicht Sieben sondern Acht. Gemein, aber sehr nützlich, wenn man selbst mal eine Geheimparole braucht.

(Aufgabe von Seite 30) Eine hinterlistige Frage, aber Herr Speckbauch hätte noch eine Stunde lang nachdenken können. Die Lösung ist eigentlich ganz einfach: Die beiden Schweine schauen nämlich von der selben Seite in die Röhre hinein.

(Aufgabe von Seite 32)
Nein, das ist gar keine gute Idee, wenn man diese Wette eingeht. Denn was passiert, wenn Herr Speckbauch Bolle fünf Euro schenkt?
Der gibt ihm keine zehn Euro zurück, sondern verliert lieber seine Wette. Und das kostet ihn nur einen Euro. Also hat Bolle elegant vier Euro verdient. Ein Trick, den man sich merken sollte.

(Aufgabe von Seite 34) Herr Speckbauch müsste es eigentlich gemerkt haben, dass Bolle und sein Bruder gerade heute Geburtstag haben. Denn wenn jemand an seinem letzten Geburtstag zwölf geworden ist und er am nächsten 14 wird, muss er eben heute Geburtstag haben – denn heute ist weder der letzte noch der nächste. Gratuliere, Bolle und James! Aber wir wissen auch, an welchem Tag Eleonore Geburtstag hat, das muss nämlich der 29. Februar sein. Diesen Tag gibt es nur alle vier Jahre, in einem Schaltjahr nämlich. In normalen Jahren hört der Februar mit dem 28. Tag auf. Geschenke wird Eleonore aber trotzdem jedes Jahr bekommen haben. Hoffentlich!

(Aufgabe von Seite 36) Das hat Herr Speckbauch doch gleich gemerkt. Man kann die Seite 122 nämlich nicht aus dem Mathebuch entfernen, ohne auch die Seite 121 mit heraus zu reißen. Denn beide sind auf dem selben Blatt Papier gedruckt.

(Aufgabe von Seite 38) Hast du dich auch an der Nase rumführen lassen? Ganz so knifflig ist die Frage nämlich nicht. Aber weil Bolle so viel von schwarzer Kleidung, Stromausfall und einem Auto mit ausgeschalteten Scheinwerfern erzählt hat, glaubte Herr Speckbauch, das hätte nachts stattgefunden. Es war aber heller Tag, der Fahrer des Autos sah die alte Schweineoma rechtzeitig und wich ihr einfach aus.

(Aufgabe von Seite 40) Das ist wirklich eine knifflige Aufgabe, aber das Schwein im Keller löst sie genial. Zuerst drückt es den ersten Schalter, wartet ein paar Minuten und schaltet ihn wieder ab. Dann macht es den zweiten Schalter an und geht nach oben. Wenn jetzt das Licht brennt, weiß es, dass der zweite Schalter der richtige ist. Wenn es aber nicht brennt, können es nur Schalter eins oder drei sein. Dann fasst das Schwein die Glühbirne an. Ist sie noch warm, dann war es Schalter eins, denn der hat die Lampe ein paar Minuten aufgeheizt – ist sie kalt, muss Schalter drei der richtige sein.

(Aufgabe von Seite 42) Diese Susanne! Natürlich muss die Geschichte von Bauer Wutz gelogen sein, denn wenn er tatsächlich mitten in seinem Traum gestorben wäre, hätte er auch keine Gelegenheit gehabt, seiner Frau zu erzählen, was er gerade geträumt hatte. Und Susanne hätte deshalb die Geschichte auch niemals erfahren können. Bauer Wutz lebt noch immer.

(Aufgabe von Seite 44) Leider wieder falsch, Herr Speckbauch. Natürlich konnte der Lehrer ausrechnen, dass eine 10.000 Kilometer lange Mauer von zwei Meter Breite und drei Meter Höhe 30.000.000.000 Kilo wiegen würde – aber das war ja gar nicht die Frage gewesen. Hein wollte nämlich wissen, um wie viel die Erde durch dieses Bauwerk schwerer werden würde.

Um kein einziges Gramm! Denn alles, was man mit dieser Mauer verbauen würde, war ja vorher schon auf der Erde.

(Aufgabe von Seite 46) Es gibt keinen einzigen Knoten. Das Durcheinander wird zu einem straffen Faden, wenn man an beiden Enden zieht. Mach es nach. Mit dem Trick kann man nicht nur Lehrer beeindrucken.

(Aufgabe von Seite 48) Wenn man das Abrutschen abzieht, schaffte Heins Onkel Rüssel also in der Stunde drei Meter. Nach fünf Stunden war er also 15 Meter hoch, und in der sechsten Stunde erreichte er endlich den Brunnenrand.

(Aufgabe von Seite 50) Wahrscheinlich ist der Mathelehrer doch kein Nachfahre des Ritters Hartmut von Speckbauch, sonst hätte er das eine Brett über eine Ecke des Wassergrabens gelegt, das andere darüber bis zur Ecke der Burg, wie man auf dieser Zeichnung sehen kann.

(Aufgabe von Seite 52) Tja, das mit Bauern und Pferden ... wo gibt es das denn noch? Wenn zum Beispiel ein Turm und ein Läufer dazu kommen? Genau, beim Schach. Der Bauer stand auf seinem Feld, wurde von einem Pferd geschlagen und verschwand vom Spielbrett.

(Aufgabe von Seite 54) James nimmt aus der Dose mit der Aufschrift **Schoko/Vanille** einen Keks. Denn darin können – weil der Inhalt aller Dosen vertauscht ist – keine gemischten sein, nur entweder Schokoladen- oder Vanillekekse. Wenn es ein Schokokeks ist, weiß er, dass in der Dose, auf der **Vanille** steht, die Schoko- und Vanillekekse liegen – und in der Dose, auf der **Schoko** steht, müssen also die Vanillekekse sein.

(Aufgabe von Seite 56) Die auf einem Würfel sich gegenüberliegenden Augen ergeben immer sieben. Also liegt der Eins die Sechs gegenüber, der Zwei die Fünf und so weiter. Wenn man nun oben eine Drei sieht, weiß man, gegenüber liegt eine Vier. Und die anderen verdeckten Würfelflächen sind auch ganz einfach auszurechnen: Vier Würfel sind verdeckt, also acht gegenüberliegende Seiten, macht zusammen 28, und die Vier vom oberen Würfel dazu – ergibt 32.

(Aufgabe von Seite 58) Da hat sich Herr Speckbauch leider reinlegen lassen. Die drei Schweine haben 27 Euro für ihr Essen bezahlt, das eigentlich nur 25 Euro gekostet hat. Die fehlenden zwei Euro hat der Ober behalten. Es fehlt also nichts.

(Aufgabe von Seite 60) Ein Paar Socken sind etwas anderes als zwei Socken in derselben Farbe. Es gibt nämlich linke und rechte. Also zieht man im schlimmsten Fall zuerst zwölf linke weiße und dann sechs linke schwarze aus dem Sack, und dann erst kommt eine Socke, mit der es ein Paar gibt. Man muss also 19-mal reingreifen, um ganz sicher ein Paar gleichfarbiger Socken zu haben.

(Aufgabe von Seite 62) Man kann zum Beispiel einen der Bauern fragen: »Würde Ihr Nebenmann “ja” sagen, wenn ich ihn fragen würde, ob der linke Weg nachhause führt?« Egal, welchen der beiden Bauern man fragt, man erhält bei der ersten Frage immer eine falsche Antwort, also muss man den anderen Weg nehmen als den empfohlenen. Es gibt aber auch noch andere Lösungen – die du dir selbst überlegen kannst.

(Aufgabe von Seite 64) Man nimmt eine Münze aus dem ersten Sack, zwei aus dem zweiten, und so weiter. Dann wiegt man diese Münzen. Sie müssten – wenn kein Falschgeld dabei ist – 150 Gramm wiegen. Aber die Münzen wiegen weniger. Wie viel weniger zeigt, in welchem Sack die falschen Münzen liegen. Wenn alle Münzen etwa 147 Gramm wiegen, muss es der dritte Sack sein (drei Gramm weniger).

(Aufgabe von Seite 66) Die beiden Radfahrer treffen sich nach drei Stunden. Da der Vogel in der Stunde 25 Kilometer fliegt, hat er bis dahin also 75 Kilometer zurückgelegt.

(Aufgabe von Seite 68) Er zündete die Zündschnüre an drei Enden gleichzeitig an. Nach 30 Minuten war die erste Zündschnur, die er an beiden Enden angezündet hatte, abgebrannt. Nun zündete er das vierte Ende an. Als die zweite Zündschnur abgebrannt war, waren genau 45 Minuten vergangen.

(Aufgabe von Seite 70) 301 Bäumchen hätte man gebraucht, wenn man die Straße nur auf einer Seite bepflanzt hätte, aber eine Allee hat nun mal auf jeder Straßenseite Bäume – also insgesamt 602.

(Aufgabe von Seite 72) James kann es nicht mehr schaffen. Denn wenn wir mal annehmen, dass eine Runde 20 Kilometer lang ist, dann braucht er für diese erste Runde eine Stunde. Nun kann er die zweite sogar in 100 Stundenkilometern fahren (was kein Mofa auf der Welt schafft), dann hätte er für beide Runden trotzdem 72 Minuten gebraucht (60+12 min.), und das ergibt eben nur einen Durchschnitt von 33,3 Stundenkilometern.

(Aufgabe von Seite 74) Das Gewicht eines schwimmenden Körpers entspricht dem des von ihm verdrängten Wasservolumens. Das klingt kompliziert, aber es geht auch einfacher: Der Felsbrocken drückt das Boot so tief ins Wasser, bis das Wasser, das er verdrängt, soviel wiegt wie der Fels. Fällt er aber ins Wasser, verdrängt er viel weniger, nämlich nur sein Volumen. Der Wasserstand im See sinkt also.

(Aufgabe von Seite 76) Hätte das hinterste Schwein zwei weiße Federn vor sich gesehen, hätte es gerufen: »Ich habe eine schwarze Feder hinterm Ohr!«

Also hat es mindestens eine schwarze Feder gesehen. Das weiß das mittlere Schwein. Würde das nun vor sich eine weiße Feder sehen, riefe es: »Ich habe eine schwarze Feder!« Da alle schweigen, weiß das vordere Schwein, dass es eine schwarze Feder haben muss. Es ruft: »Ich habe eine schwarze Feder!« Sie sind gerettet.

(Aufgabe von Seite 78) Zuerst müssen die beiden schnellsten Schweine miteinander gehen. Das 5-Minuten-Schwein geht zurück (jetzt sind 15 Minuten vorbei) und gibt die Taschenlampe den beiden langsamen, die zusammen die Brücke überqueren. Dann geht das 10-Minuten-Schwein zurück (jetzt sind 50 Minuten vorbei) und holt das schnellste Schwein ab. In 60 Minuten haben es alle vier Schweine geschafft!

(Aufgabe von Seite 80) Wenn sich die Seerosen jeden Tag verdoppeln und der Teich nach einer Woche voll ist, war er am Tag vorher halbvoll. Und noch einen Tag vorher zu einem Viertel voll. Also am fünften Tag.

(Aufgabe von Seite 82) Man öffnet die drei Kettenglieder des kürzesten Stückes und verbindet damit die restlichen drei Kettenteile.

(Aufgabe von Seite 84)

So hat Onkel Rüssel das Land aufgeteilt.

(Aufgabe von Seite 86) Ja, extra langsam fahren um zu gewinnen, das geht natürlich nicht. Da bleiben beide vor dem Ziel stehen. Aber wenn sie vor dem Start ihre Gokarts tauschen, dann geht es. Denn es hieß ja: Wessen Gokart als letzter ins Ziel kommt, der darf sich den Film aussuchen. Jetzt geben beide Vollgas!

(Aufgabe von Seite 88) Das erste Schwein kriegt zwei volle, drei halbe und zwei leere Flaschen, das zweite Schwein auch, und das dritte Schwein drei volle, eine halbe und drei leere Flaschen.

(Aufgabe von Seite 90) Es gibt tatsächlich Zahlen, die größer werden, wenn man die erste Ziffer wegnimmt, die römischen Zahlen nämlich. Etwa IX, das bedeutet neun, und wenn man das I wegnimmt, bedeutet es zehn. XC bedeutet 90, nimmt man das X weg, wird es zu100.

(Aufgabe von Seite 92) Hein und seine Schwester Anne sind in acht Jahren 20 und 18. Das heißt, ihr Vater war bei Heins Geburt 38. Die Mutter war damals (vor 12 Jahren nämlich, als Hein zur Welt kam) also 34 – und 12 Jahre später ist sie 46. Der Vater ist heute 50. Der Hund der Familie Schwein ist sechs Jahre alt. Das errechnet sich so: Vater und Hein sind zusammen 50 + 12 Jahre alt = 62. Mutter und Anne sind zusammen 46 + 10 Jahre alt = 56. Zieht man das weibliche Alter vom männlichen ab (62 - 56), bleibt sechs übrig.

(Aufgabe von Seite 94)

So sieht die Lösung aus. Man kann das auch mit Streichhölzern auslegen und mit seinen Eltern darum wetten, dass sie es nicht unter einer Minute rauskriegen.

(Aufgabe von Seite 96) Es sind tatsächlich nur vier Farben notwendig. Ihr könnt euch jede noch so komplizierte Karte ausdenken, trotzdem werden nie die selben zwei Farben nebeneinander liegen.

(Aufgaben von Seite 98) 1. Die Pfosten berühren sich, sonst kann die Leine nicht bis zum Boden hängen.
2. Die Flasche allein kostet 5 Euro **und** den Preis eines Korkens. Der Preis der Flasche **mit** Korken enthält also zweimal den Preis des Korkens. Man muss daher die Differenz von 6 und 5 Euro halbieren. Der Korken kostet 50 Cent.
3. Sechs Dutzend Dutzende sind 6 x 144 = 864 und die Hälfte von einem Dutzend Dutzende ist sechs mal ein Dutzend = 72 .

(Aufgaben von Seite 100) 1. Heu mäht man nicht, man mäht nur Gras.
2. Man könnte es zum Beispiel als »Eis« schreiben.
3. Die fünf Tage heißen: vorgestern, gestern, heute, morgen und übermorgen.
4. Wenn geschossen wird, fliegen alle Vögel fort.

(Aufgabe von Seite 102) Herr Speckbauch hat das Klassenbuch versteckt. Aber wieso er? Na, er wollte nicht, dass der Direktor und der Schulinspektor darin lesen, dass er heute eigentlich eine Mathearbeit schreiben sollte. Aber wie war Hein dahintergekommen? Nun, drei Schweine haben gesprochen: Bolle, James und Hein. Wenn zwei gelogen haben, muss einer die Wahrheit gesagt haben. Aber wer?

Wenn nur Bolle die Wahrheit gesagt hätte, würden James und Hein lügen. Dann hätten aber Hein und James das Buch versteckt. (»James war's jedenfalls nicht«, sagt Hein.)

Wenn nur James die Wahrheit gesagt hätte, wäre es Bolle, was aber nicht geht, weil dann Heins Behauptung »James war's jedenfalls nicht« falsch wäre. Geht also auch nicht.

Wenn nur Hein die Wahrheit gesagt hätte, könnten weder er, noch Bolle und James das Buch versteckt haben. Also bleibt nur Herr Speckbauch übrig – der ja auch seltsamerweise gewusst hat, wie viele seiner Schüler die Wahrheit gesagt haben.

Inhalt

Robert Griesbeck hat sich diese Schweinegeschichte ausgedacht. Wenn er sich gerade keine Rätsel ausdenkt, liegt er faul in der Sonne, badet im See oder ärgert seine Kinder. Zum Geldverdienen schreibt er Romane und Sachbücher. Und nach diesem Buch isst er bestimmt kein Schweinefleisch mehr.

Nils Fliegner kann alles malen, vom Affen bis zum Zebra. Und besonders gut kann er Schweine. Deswegen hat er auch genau einhundertsiebenundfünfzig für dieses Buch gemalt (zählt nach!). Als Bewohner der Stadt Hamburg isst er am liebsten Fischstäbchen – aber frisch gefangen müssen sie sein.

Robert Griesbeck

MEHR MATHEMAtricks

Denken macht Spaß – Bolle, James und Hein pfeifen auf den Eberstein

Illustriert von Nils Fliegner

SCHULE

Kleine Menschen gehen in Menschenschulen, kleine Schweine gehen in Schweineschulen. Das ist so ziemlich der einzige Unterschied zwischen den beiden. Vielleicht die Nasen noch. Menschen haben Nasen, Schweine haben Rüssel. Das sieht für manche Menschen etwas komisch aus (wie rosa Steckdosen) und sie glauben, dass Schweine deshalb nicht so schlau wären wie sie. Aber da haben sie sich schwer getäuscht. Die meisten Schweine sind sehr schlau.

Aber es reicht nicht, einfach nur schlau zu sein. Damit aus schlauen Ferkeln clevere Schweine werden, die eine Zukunft haben und später mal als Piloten, Tierärzte oder Briefträger arbeiten können, müssen sie vorher in die Schule gehen.

In die Schweineschule. Dort lernen sie alles, was man als großes Schwein wissen muss. Sie lernen drei Sprachen, dazu Physik, Chemie, Kochen und Rugby.

Und sie lernen Mathematik.

Ausgerechnet bei Herrn Speckbauch.

Hein Schwein geht in die vierte Klasse der Schweineschule. Er ist bei allen beliebt, nur bei Toby nicht. Doch davon später. Hein ist der Beste der Klasse, und trotzdem kein Streber. Dabei ist er nicht irgendein normal schlaues Schwein. Hein Schwein ist ein sehr sehr schlauer Schweinejunge mit einen SQ von 244. SQ bedeutet »Schweinequotient« und ist so etwas wie die Maßeinheit der Schläue bei Schweinen. Menschen haben einen IQ. Wäre Albert Einstein ein Schwein gewesen, hätte er auch keinen höheren SQ gehabt. Heins Schwestern Rosi und Rosa sind fast genauso schlau wie er, und wenn man sie zusammen nimmt, sogar noch schlauer. Hein Schwein gibt nicht groß an mit seiner Schlauheit, nur im Matheunterricht kann er es nicht lassen, Herrn Speckbauch, seinen Lehrer, zu ärgern. Aber heimlich ist Herr Speckbauch froh, einen so schlauen Schüler zu haben.

James ist Heins bester Freund. Er ist ziemlich mager für ein Schwein, aber was er zu wenig auf den Rippen hat, hat er dafür im Kopf. James kennt jede Menge hinterlistige Tricks und Rätsel, und wenn er Herrn Speckbauch eine Fangfrage stellt, schaut er dabei so unschuldig drein, dass der immer wieder darauf reinfällt.

Bolle ist der Zwillingsbruder von James. Sollte man nicht glauben bei diesem Bauchumfang. Er kann besser essen als denken, aber dafür kennt er auch die schrägsten Scherz-aufgaben und die besten Schweinewitze.

Zusammen sind die drei die »Schweinebande«, gefürchtet von allen Lehrern, am meisten aber von Herrn Speckbauch.

»Ich habe eine gute und eine schlechte Nachricht für euch«, sagt Herr Speckbauch, der Ma-theleh-rer, der außerdem auch der Klassenlehrer der 4a ist. »Die gute ist: Morgen fällt der Mathematikunterricht aus. Die schlechte: Morgen ist Wandertag.«

»Ach, so schlimm wird das schon nicht werden«, sagt Bolle. »Ein bisschen spazieren gehen und nachmittags in einem Café rumsitzen und Eis essen ...«

»Nichts da!«, ruft Herr Speckbauch. »Wir gehen auf den Eberstein. 1.026 Meter über Meereshöhe! Na, da seid ihr platt, was?«

Die Schweine verziehen die Gesichter. Der Eberstein ist ein schrecklich steiler Berg, vor allem das Stück von der Brotzeitalm bis zum Gipfel. Schweine klettern grundsätzlich nicht gern auf Berge, vor allem nicht jetzt im Hochsommer.

»Würde eine Besteigung bis zur Brotzeithütte nicht ausrei-chen?«, fragt Bolle, der Dickste der Schweinebande.

Aber Herr Speckbauch lässt sich nicht erweichen. »Morgen früh um acht Uhr treffen wir uns alle an der Bushaltestelle. Rucksäcke und festes Schuhwerk nicht vergessen.«

Noch am selben Nachmittag macht der Rest der Klasse 4a der Schweinebande ein Angebot: Freie Verköstigung in der Brotzeithütte, wenn es die drei irgendwie verhindern können, dass man bis zum Gipfel marschieren muss.

»Wir werden darüber nachdenken«, sagt Hein und zieht sich mit seinen beiden Freunden zur Beratung zurück.

Am nächsten Morgen treffen sich alle an der Bushaltestelle. Hein, James und Bolle sind schon eine Viertelstunde früher da, weil sie noch mit dem Busfahrer reden wollen.

Hein macht ihm einen Vorschlag: »Wir haben eine spannende Frage für Sie. Wenn Sie die nicht beantworten können, dürfen wir uns dann etwas wünschen?«

»Meinetwegen«, sagt der Busfahrer, »wenn's mich nichts kostet und solange ich nicht zum Schlachthof fahren muss.«

»Also gut. Was ist das? Es hat keine Farbe, und trotzdem kann man es sehen. Es wiegt nichts, und trotzdem wird jeder Gegenstand damit leichter. Und Busfahrer können es überhaupt nicht leiden.«

»Hmmm ... keine Farbe ... wiegt nichts ... alles wird leichter

… Also nein, da komm ich nicht drauf.«

»Gut«, sagt Hein. »Ich sage Ihnen, was es ist. Aber Sie müssen uns dafür auch einen Gefallen tun.«

Auflösung auf Seite 107, aber bitte erst selber nachdenken!

Eine Viertelstunde später sitzt die ganze Klasse zusammen mit Herrn Speckbauch im Bus. Die kleinen Schweine plappern und kreischen, schubsen sich von den Sitzen und bewerfen sich gegenseitig mit Mandarinenschalen. Eigentlich wollte Herr Speckbauch auf der Fahrt zum Parkplatz am Fuß des Ebersteins einen Vortrag über Primzahlen halten (damit es den Schweinen nicht langweilig wird), aber bei dem Radau gibt er auf. Es ist seinen Schülern offensichtlich nicht langweilig.

Hein, James und Bolle setzen sich zu ihrem Lehrer.

»Herr Speckbauch«, sagte Bolle, »wissen Sie, was meinem Vater gestern passiert ist?«

»Nein«, sagt Herr Speckbauch, »aber wie ich dich kenne, wirst du es mir gleich erzählen.«

»Stimmt. Sie wissen ja, dass mein Vater Taxifahrer ist, und gestern Abend stieg ausgerechnet Frau Doktor Rüssel zu ihm ins Taxi. Sie wissen doch, die Frau des Rektors, die immer so viel redet. “Zum Bahnhof, bitte!”, sagte sie.«

»Ja«, seufzt Herr Speckbauch, »ich kenne die Dame gut.«

Frau Doktor Rüssel ist eine stadtbekannte Nervensäge, und wenn sie erst den Mund aufmacht, kann man sicher sein,

dass man innerhalb der nächsten fünf Minuten böses Kopfweh bekommt.

»Dein armer Vater!«, sagt Herr Speckbauch voller Mitleid.

»Der hatte aber eine prima Idee. Er zeigte auf seinen Mund und auf seine Ohren, um ihr verständlich zu machen, dass er taub wäre. Und tatsächlich hielt Frau Doktor Rüssel die ganze Fahrt über den Mund. Als sie angekommen waren, deutete mein Vater auf die Taxiuhr, auf der stand, wie viel es kostete, sie zahlte und stieg aus.«

»Guter Trick«, sagt Herr Speckbauch. »Aber warum hast du mir eigentlich diese Geschichte erzählt? So aufregend ist sie nun auch wieder nicht.«

»Ich habe sie erzählt, weil Sie unser Mathematiklehrer sind, und weil Sie doch immer sagen, Mathematik fängt mit logischem Denken an.«

»Sehr richtig«, sagt Herr Speckbauch und will schon zu einem ausführlichen Vortrag ansetzen, als ihn Bolle unterbricht: »Aber dann sollten Sie auch gemerkt haben, dass diese Geschichte unmöglich stimmen kann.«

Auflösung auf Seite 107, aber bitte erst selber nachdenken!

Es dauert ganz schön lange, bis der Lehrer aufgibt. Dass ausgerechnet er, ein Meister des logischen Denkens, nicht darauf gekommen ist, das tut schon weh. Schließlich erbarmt sich Bolle und erzählt ihm, warum die Geschichte nicht stimmen kann.

»Tja, reingefallen«, sagt Herr Speckbauch. »Aber von der Sorte kenne ich auch ein paar. Und weil wir gerade in einem Autobus fahren, kommt jetzt eine Autobusfrage: Ein Busfahrer fährt vom Depot zur Endstation. Mitten auf der Strecke, er ist genau 24 Kilometer weit gefahren, platzt ein Reifen. Und er hat keinen Ersatzreifen dabei, wie blöd. Also steigt er mit seinen Fahrgästen aus und geht mit ihnen zu Fuß zur Endstation. Dort ruft er im Depot an, damit ein Reparaturwagen kommt, den Reifen wechselt und ihm den Bus zur Endstation nachfährt. Verstanden?«

»Ja, aber der Mann ist doch doof«, sagt Hein. »Er hätte ja mit dem Handy anrufen können.«

»Er hat kein Handy«, sagt Herr Speckbauch.

»Aber einer der Fahrgäste bestimmt!«

»Sie waren in einem Funkloch«, sagt der Lehrer ungeduldig.

»Jedenfalls steigt der Fahrer an der Endstation wieder in seinen Bus und fährt zurück ins Depot. Dort angekommen, überlegt er sich, wie viele Kilometer er wohl heute mehr mit dem Bus gefahren als zu Fuß gegangen ist. Kommt ihr drauf?«

»Das kann man nicht ausrechnen«, sagt James. »Dazu weiß man einfach zu wenig.«

»Kann man eben doch«, sagt Herr Speckbauch stolz und verschränkt die Arme vor der Brust. »Man muss nur logisch denken und ein klein wenig Mathematik anwenden.«

Auflösung auf Seite 107, aber bitte erst selber nachdenken!

Hein kommt am Ende doch darauf, und seine beiden Bandenmitglieder klopfen ihm begeistert auf den Rücken.

»Große Klasse!«, sagt James. »Du hast mal wieder die Ehre der Schweinebande gerettet.«

»Hat er alles von mir!«, sagt Bolle.

Hein schaut schnell aus dem Fenster, dann zwinkert er

seinen beiden Freunden zu. »Ich glaube, eine Frage haben wir noch, oder?«

»Klar«, sagt James. »Was halten Sie denn von dieser Geschichte, Herr Speckbauch? Der berühmte Forschungs-reisende Professor Ägidius Halsgrat hat sich die Durchquerung der Namibwüste vorgenommen. Dazu braucht man üblicherweise sechs Tage. Das Problem ist nur, man will auch essen und trinken, und in einer Wüste sollte man viel trinken. Also muss der Professor Träger mitnehmen. Man braucht bei einem solchen Marsch pro Tag acht Flaschen Wasser und vier Packungen Früchtebrot, und eine solche

Tagesration wiegt zusammen zehn Kilo. Jeder Träger, auch der Professor selbst, kann höchstens 40 Kilo tragen. Also, jetzt kommt die Frage: Mit wie vielen Trägern kommt der Professor aus, wenn er mithilft?«

»Er kann sich jede Menge mitnehmen«, sagt Herr Speckbauch, »aber das wird ihm nichts nützen, denn nach vier Tagen haben sie alle nichts mehr zu essen und zu trinken. Ganz egal, ob das hundert Träger sind oder ob der Professor ganz allein geht.«

»Da wäre ich mir nicht ganz so sicher«, sagt James.

Auflösung auf Seite 108, aber bitte erst selber nachdenken!

Herr Speckbauch denkt so konzentriert nach, dass er gar nicht merkt, dass der Bus gerade am Parkplatz am Fuß des Ebersteins vorbeigefahren ist.

»Das war der erste Streich«, flüstert Hein. »Jetzt müssen wir ihn nur noch ein paar Minuten beschäftigen.«

»Es geht nicht, es geht nicht ...«, murmelt Herr Speckstein, »... irgendeiner verhungert oder verdurstet immer. Da müsst ihr euch getäuscht haben.«

»Haben wir aber nicht«, sagt James lässig. »Wir haben alles genau durchgerechnet. Schließlich gehen wir beim besten Mathelehrer der ganzen Schule in die Klasse. Oder?«

»Jaja, ach, ich bin heute einfach zu unkonzentriert ...«

»Ersatzfrage?«, sagt Bolle scheinheilig.

»Ja, von mir aus.«

»Na gut. Weil wir gerade zum Eberstein fahren, fällt mir eine Geschichte ein, die mir mein Vater mal erzählt hat. Es gehen nämlich auf dem Weg von Saulgrub nach Speckstein zwei Bauern und unterhalten sich darüber, wer wohl öfter diesen Weg gegangen ist. Von dem einen Dorf zum anderen führt der Weg nämlich über den Eberstein. Ein Bauer wohnt

in Saulgrub, einer in Speckstein, und sie haben den Gipfel gerade vor sich, als der eine sagt: »Ich bin schon 17-mal über den Eberstein gestiegen. Und du?«

»Ich bin sogar schon 22-mal darübergestiegen«, sagt der. Nun meine Frage: Welcher der beiden wohnt in Speckstein?«

»Das kann man doch unmöglich aus den paar Angaben schließen«, sagt Herr Speckstein.

»Das kann man wohl«, sagt Bolle.

Auflösung auf Seite 108, aber bitte erst selber nachdenken!

Sehen Sie doch, Herr Speckbauch!«, ruft James. »Da ist er, der Eberstein. Wirklich majestätisch.«

Tatsächlich sieht man den über tausend Meter hohen, steilen Granitberg durchs Busfenster. Der Lehrer drückt seine Nase an die Scheibe. »Tatsächlich ... majestätisch ... man fühlt sich als Schwein ganz klein angesichts der Erhabenheit dieses ... trotzdem kommt mir irgendetwas seltsam vor.«

Bevor ihr Lehrer noch weiter darüber nachgrübeln kann, was ihm denn an diesem Anblick so seltsam vorkommt, zupft ihn Hein am Ärmel.

»Dabei fällt mir eine Aufgabe ein, die könnten Sie bei der nächsten Schulaufgabe stellen.«

»Jaja, dann schieß mal los, Hein. Sehr lobenswert, dass du dir jetzt sogar schon Prüfungsaufgaben ausdenkst.«

»Also, der Eberstein ist 1.000 Meter hoch, vielleicht ein paar Meter höher, aber damit rechnet es sich so schlecht. Und nehmen wir mal an, der ganze Berg wiegt ... eine Million Tonnen. Das könnte doch hinkommen?«

»Ich bin zwar kein Geologe«, sagt Herr Speckbauch, »aber das hört sich nach einem anständigen Gewicht an.«

»Gut. Nun nehmen wir weiter an, ein Steinmetz würde aus einem Granitblock den Eberstein herausschlagen, kleiner natürlich. So, dass das Model nur einen Meter hoch ist. Was würden Sie schätzen, wie schwer dieses Modell wäre?«

Herr Speckbauch runzelt die Stirn. »Einen Meter hoch, sagst du ... und der Originalberg ist 1.000 Meter hoch und wiegt eine Million Tonnen, tja ... also ...«

»Glauben Sie, ich könnte das Modell hochheben?«, fragt Hein.

»Aber mal ganz bestimmt nicht.«

**Auflösung auf Seite 109,
aber bitte erst selber nachdenken!**

»Dann könnten wir ja eine kleine Wette abschließen«, sagt Hein, und im gleichen Moment bremst der Bus. Jetzt weiß Herr Speckbauch auch, was ihm vorher so seltsam vorkam. Sie halten nicht am Parkplatz, von dem aus man den Berg gemächlich besteigen kann. Sie parken vor der Talstation der Bergbahn. Auf dieser Seite ist der Eberstein nämlich so steil, dass ihn nur geübte Kletterer besteigen können. Deshalb hat man eine Bergbahn mit hübschen rot-blau gestreiften Gondeln gebaut. Und dieser Aufstieg ist allen Schweinchen der allerliebste.

»Was soll denn das?!«, regt sich Herr Speckbauch auf.

»Vielleicht hat der Busfahrer etwas falsch verstanden.«

»Ich kann mir schon denken, wer dahintersteckt«, sagt der Lehrer. »Wahrscheinlich eine schulbekannte Bande von Jungschweinen. Und was war das mit der Wette?«

»Wenn ich gewinne, fahren wir alle mit der Seilbahn – und Sie regen sich nicht auf.«

»Du gewinnst nicht. Kein Schwein kann ein ein Meter hohes Steinmodell aufheben.«

Mit großem Gejohle und Gequietsche drängen sich die Schüler in die Seilbahn, immer zwei Schweine passen in eine Gondel. Das dauert. Inzwischen geht Herr Speckbauch mit der Schweinebande zum Schalter und will eine Gruppenfahrkarte für seine Klasse lösen.

»Hin und zurück?«, fragt das Schwein hinterm Schalter.

»Nur einfach! Wir werden von der Brotzeithütte aus den Gipfel erstürmen und anschließend den Abstieg zu Fuß unternehmen.«

Er lächelt der Schweinebande säuerlich zu. »Die Seilbahn fährt nämlich nur bis zur Raststation, nicht bis zum Gipfel, falls ihr das gehofft haben solltet.«

»Wissen wir doch alles«, sagt Hein.

»Klar, wir wollen doch schließlich klettern«, sagt James.

»Bewegung tut gut!«, ruft Bolle, aber man sieht ihm an, wie erschrocken er über seine eigenen Worte ist.

»Sind Sie nicht Mathematiklehrer an der Schweineschule?«, fragt der Mann hinterm Schalter plötzlich. »Mein Ferdinand ist nämlich in Ihrer Klasse. In der 3c.«

»Ach, der Ferdinand«, sagt Herr Speckbauch. »Steht auf einer Vier bis Fünf. Mageres logisches Denken ...«

»Da kann ich Ihnen aber auch eine Aufgabe stellen, von wegen logisches Denken!«, sagt das Schwein hinterm Schalter, das einen ziemlich roten Kopf bekommen hat.

»Ich höre«, sagt Herr Speckbauch.

»Also: Eines Tages, mitten im strengsten Winter, war die Seilbahn eingefroren. Oben in der Brotzeithütte saßen die Frau Eberwein, ihr Mann und ihr Kind. Sie hatten nur noch Kartoffeln zum Essen, und zwar so viel, dass der gesamte Vorrat für das Kind 18 Tage gereicht hätte, für die Frau 12 Tage und für den Mann 9 Tage.

Für wie viele Tage reichten die Kartoffeln für die ganze Familie?«

Auflösung auf Seite 110, aber bitte erst selber nachdenken!

Herr Speckbauch kommt nicht ganz so schnell auf die Lösung wie Hein, aber er ist doch stolz auf seinen besten Schüler.

»Sehen Sie«, sagt er, »alles nur Logik mit ein bisschen Mathematik. Sollte sich Ihr Ferdinand hinter die Ohren schreiben. Übrigens kann ich Ihnen auch eine Seilbahnaufgabe stellen. Klingt zwar wie ein Klassiker, ist mir aber gerade erst eingefallen. Also: In die Gondel einer Seilbahn passen immer nur zwei Personen, und der Bahnführer muss drei verschiedene Sachen transportieren. Das eine ist keine Sache, das ist ein siebenjähriges Schweinemädchen namens Hannah, dann noch ein ziemlich bissiger Schäferhund und eine riesige Geburtstagstorte, die hinauf zur Gaststätte muss. Er kann nur immer eines mitnehmen, das Mädchen, den Hund oder die Torte. Zwei müssen unten bleiben, aber am Ende müssen alle drei oben sein, verstehen Sie?«

»Jaja«, sagt das Schwein hinterm Schalter, «ich bin ja schließlich nicht blöd!«

»Der Hund würde sofort das Mädchen beißen, wenn es mit

ihm allein wäre, und wenn das Mädchen allein mit der Torte wäre, würde es sie aufessen. Na, jetzt kommen Sie! Wie schafft er alle drei den Berg hinauf?«

»Und der Hund frisst die Torte nicht?«

»Nein, der beißt nur Schweinemädchen.«

Das Schwein hinter dem Schalter bekommt einen sehr roten Kopf.

Auflösung auf Seite 110, aber bitte erst selber nachdenken!

»Wenn Sie es nicht herausbringen, fahren wir alle gratis«, sagt Herr Speckbauch. »Das sollte Ihnen Motivation genug sein!«

Als sie schließlich kostenlos zur Bergstation hinaufgondeln, ist Herrn Speckbauchs Laune wieder prima.

»Ein Sieg der Logik über die Geldgier! Du siehst, mit angewandter Mathematik lassen sich elegant Kosten einsparen«, sagt er zu Hein, der mit ihm in der letzten Gondel sitzt.

Vor ihnen fahren James und Bolle, und Bolle kneift fest die Augen zusammen, weil er grässliche Höhenangst hat.

»Du musst ihn ablenken!«, ruft Hein seinem Freund zu. »Erzähl ihm irgendwas, stell ihm eine Aufgabe, lass ihn in den Himmel sehen – aber tu was!«

James denkt kurz nach, dann schüttelt er seinen Kumpel und sagt: »Bolle, alter Rollbraten, mach doch mal die Augen auf! Nur ein kleines bisschen!«

»Ich denk nicht daran«, stöhnt Bolle. »Ich fall sonst runter.«

»Unsinn. Vom Schauen fällt man nicht runter. Sieh mal, da unten liegen haufenweise Zuckerstangen.«

Dazu muss man wissen, dass Zuckerstangen Bolles Liebstes sind. Und unvorsichtig macht er seine Augen auf. »Wo? Wo denn? Ich seh nix!«

»Da unten. Siehst du – weiße, blaue, sogar blau-weiße.«

»Du Blödmann«, sagt Bolle. »Das sind stinknormale Blumen. Außerdem gibt es gar keine blauen Zuckerstangen.«

»Aber jetzt, wo du die Augen schon offen hast, kannst du mir diese Frage beantworten: Ich zähle da unten 123 Blumen. Wenn ich nun unten wäre und würde drei Blumen pflücken, und eine davon wäre ganz sicher blau ... wie viele Blumen von jeder Farbe wachsen da unten?«

Auflösung auf Seite 111, aber bitte erst selber nachdenken!

Bolle hat sofort die Augen wieder geschlossen und keucht: »Dazu muss ich doch nicht runtersehen, du Trottel. Das kann man auch mit geschlossenen Augen ausrechnen!«

Bolle scheint sich wieder beruhigt zu haben«, sagt Herr Speckbauch. »Ist mir unbegreiflich, wie ein so kräftiger Schweinejunge so ein Schisser sein kann.«

»James hat ihm bestimmt eine Denksportaufgabe gestellt. Da beruhigt er sich schnell.«

»Na, zum Beruhigen denken, das ist ja ganz was Neues.«

»Wollen Sie es ausprobieren?«, sagt Hein. »Ich hätte eine äußerst beruhigende Frage.«

»Dann her damit«, sagt Herr Speckbauch.

»Es ist eine Geschichte, und Sie müssen herausbringen, was es damit auf sich hat. Mathematik werden Sie nicht brauchen, aber ein bisschen Grips schon.«

»Na,«, sagt Herr Speckbauch, »für dich wird er reichen!«

»Ein Einbrecher ist in einem Gebäude. Obwohl es sehr schwer bewacht ist, ist er ganz leicht hineingekommen, und niemand hat ihn aufgehalten. Er bleibt eine ziemlich lange Zeit in diesem Gebäude, dann verlässt er es wieder. Auch da hält ihn niemand auf, und er löst keinen Alarm aus. Wäre er aber nur etwas früher gegangen, wäre er geschnappt worden.«

Auflösung auf Seite 111, aber bitte erst selber nachdenken!

»Versteh ich nicht«, sagt der Lehrer.

»Na, Sie sollen herauskriegen, wo der Einbrecher war.«

Und tatsächlich ist der Lehrer mit dieser Frage beschäftigt, bis die Gondel schließlich an der Bergstation ankommt.

Oben treffen sich alle wieder. Herr Speckbauch hat seine gute Laune (die er wiedergefunden hatte, nachdem er die Liftfahrt umsonst bekommen hatte) schon wieder verloren. Und das nur, weil er Heins Rätsel nicht lösen konnte.

Die Mädchen aus der Schweineklasse sind schon in die Brotzeithütte hineingelaufen und kaufen sich bei der Wirtin, Frau Eberwein, weiße und rosa Schaummäuse. Die Jungs sind auf der Terrasse geblieben und balancieren auf dem

Geländer, das den Wirtsgarten vom Abgrund trennt.
»Runter mit euch, aber blitzschnell!«, ruft Herr Speckbauch. »Ihr wollt euch wohl alle Rippen brechen – und ich kann mich dann mit euren Eltern herumärgern! Aber nicht mit mir, ihr Chaotenferkel!«
»Aber von hier aus kann man doch so toll den Himmel beobachten. Schauen Sie nur, diese super Kondensmilchstreifen!«
Hein verrollt die Augen. So doof kann auch nur Toby sein, der Klassendepp. Nein, das sagt man nicht. Klassendämel vielleicht oder das unterbelichtetste Ferkel der Klasse. Toby ist einfach ein Dummkopf. Dafür hat er eine große Klappe.
»Kondensstreifen heißt das«, sagt Hein. »Wenn das nämlich Kondensmilch wäre, würde sie nicht am Himmel kleben bleiben.«
Toby schaut Hein böse an. Er findet die drei von der Schweinebande schrecklich hochnäsig, aber in Wirklichkeit wäre er so gerne Mitglied in ihrer Bande. Doch die Aufnahmeprüfung hat er schwer vermasselt. Hein hatte ihn gefragt: »Wenn zwei Schweine zusammen elf Jahre alt sind und

der eine zehn Jahre älter als der andere, wie alt sind die beiden? Du hast fünf Minuten Zeit. Wenn du es dann nicht rausbekommen hast, wirst du nie im Leben Mitglied in der Schweinebande werden.«

Natürlich wusste Hein schon, dass es Toby auch in einer Stunde nicht rauskriegen würde. Für so einen Blödmann ist kein Platz in der legendären Schweinbande.

Auflösung auf Seite 111, aber bitte erst selber nachdenken!

Seitdem hasst Toby die drei.

»Ach, wenn ich diese Flugzeuge sehe, fällt mir eine super Aufgabe ein«, sagt Bolle, der Toby auch nicht leiden kann. »Willst du immer noch Mitglied bei uns werden? Das könnte nämlich als Aufnahmeprüfung durchgehen.«

Hein gibt seinem Freund einen Rippenstoß und zischt: »Spinnst du?!«

Aber Bolle grinst nur und flüstert: »Keine Sorge. Das Ferkel hat doch nur heiße Luft in der Birne.« Laut sagt er: »Du siehst ja, dass über uns die Flugzeuge entweder von Osten nach Westen oder von Westen nach Osten fliegen. Die einen starten nämlich in Schweinfurt und fliegen nach Rüs-sels-heim, die anderen starten in Rüsselsheim und fliegen nach Schweinfurt. Kapiert?«

»Jaja«, sagt Toby, »bin ja nicht blöd.«

James und Hein grinsen sich hinter seinem Rücken zu.

»Na gut. Die erste Maschine startet jeden Morgen in Rüsselsheim, und zwar exakt um 8.30 Uhr, die zweite Maschine fliegt von Schweinfurt los, und zwar um 9.00 Uhr. Der Flug dauert bei Windstille genau eine Stunde, bei Gegenwind jedoch eine Viertelstunde länger. An diesem Tag bläst der Wind von Rüsselsheim nach Schweinfurt. Wenn sich diese beiden Maschinen nun in der Luft begegnen, welche ist dann näher an Rüsselsheim? Ist es die, die von Schweinfurt abgeflogen ist oder die andere?«

Mit dieser Frage lässt Bolle die Nervensäge allein. Er ist sich ziemlich sicher, dass Toby nie im Leben auf die richtige Lösung kommt.

Auflösung auf Seite 111, aber bitte erst selber nachdenken!

Herr Speckbauch hat gemerkt, dass die Schweinebande mal wieder den armen Toby triezt. Er kann das vorlaute Ferkel zwar auch nicht leiden, aber als Pädagoge muss man schließlich ein gutes Vorbild sein. »Bildet euch nur nichts auf eure Schlauköpfe ein«, raunzt er Hein, James und Bolle an, »ihr werdet eure Nasen auch nicht mehr lange so hoch tragen. Wer anderen viele Gruben gräbt, fällt irgendwann auch selber rein.«

»Sie können's ja probieren«, sagt Bolle frech.

»Na gut. Dann fangen wir doch mal mit ganz einfacher Mathematik an, erste Klasse Grundschule. Zusammenzählen könnt ihr ja wohl?«

Hein, James und Bolle schnauben durch ihre Rüssel und verdrehen die Augen zum Himmel.

»Dann passt gut auf: In einem Dorf gibt es sieben Häuser, und in jedem Haus wohnen sieben Schweine. Jedes Schwein hat gerade sieben belegte Brote gegessen, belegt jeweils mit siebenerlei verschiedenem Käse. Alles klar?«

Die drei von der Schweinebande nicken.

»Und?«, sagt Hein. »Sollen wir nun rauskriegen, wie lange es gedauert hat, bis die Verkäuferin den ganzen Käse auf-geschnitten hat?«

»Nein, ihr sollt mir sagen, wie viele Teile in der Geschichte vorkommen – von den Häusern bis zu den Käsescheiben.«

»Das kann ja nicht schwer sein«, sagt Bolle, »Sieben Käse-scheiben je auf sieben Brotscheiben ...«

Auflösung auf Seite 112, aber bitte erst selber nachdenken!

»Oder anders«, sagt James, »Sieben mal sieben mal sieben mal ...?«

Hein kneift die Augen zu und rechnet konzentriert im Kopf. Aber die Zahlen werden immer größer, und er fängt gehörig an zu schwitzen. Aber endlich hat er's.

»2.401 Teile sind es insgesamt.«

»Falsch«, sagt Herr Speckbauch und grinst vergnügt. »Und jetzt hinein mit euch. Bevor wir auf den Eberstein klettern, nehmen wir noch eine kleine Brotzeit zu uns. Aber wahr scheinlich haben sie hier keine siebenerlei Käsesorten.«

Oh, wie gemein. Die Schweinebande ist echt schwer beleidigt.

»Das zahlen wir ihm heim«, flüstert Hein. »Den Aufstieg auf den Eberstein kann er vergessen.«

»Den hätte er auch ohne diese blöde Aufgabe vergessen können«, sagt Bolle. »Ich fühle mich nämlich gerade sehr schlapp und habe ein flaues Gefühl im Magen. In diesem Zustand komm ich nicht einmal die Treppe in den ersten Stock hinauf.«

»Wir gehen jetzt rein und stärken uns«, sagt James. »Und dann machen wir einen Plan, wie wir Speckbauch bis zum Abend ruhigstellen.«

Jetzt könnten wir eigentlich unsere Wette einlösen«, sagt Hein zu seinen beiden Kumpels. »Sucht euch schon mal was von der Speisekarte aus, aber bitte nicht übertreiben. Schließlich müssen uns die anderen freihalten. Jeder isst was, trinkt was und sucht sich eine Nachspeise aus.«

»Nur ein Essen?!«, sagt Bolle entsetzt. »Das ist ungerecht. Ich bin viel … umfangreicher als ihr, und außerdem hab ich viel mehr Kloralien verbraucht!«

»Das heißt Kalorien, Dussel. Dann nimm dir halt zweimal was zu essen, aber damit ist es auch gut.«

Bolle brummelt und sucht sich etwas aus der Karte aus.

»Was sind denn Arme Ritter?«

»Kennst du nicht? Das sind in Milch eingelegte Brötchenscheiben, in Schmalz ausgebacken mit Zucker und Zimt, eine Spezialität der Brotzeithütte. Köstlich!«

Es gibt Putenwiener für 2,85 €, Arme Ritter für 3,15 €, Leberkäse mit Spiegelei für 4,20 € und Käsebrötchen für 3,33 €, dazu Limo für 1,50 € oder Eberweinschorle für 2,- € und Eis. Die kleine Portion für 99 Cent und die große für 3,- €. Als die Schweinebande bestellt hat, kostet alles zusammen 25,15 €. Hein gibt seiner Schwester Rosi die Rechnung. »Das müsst ihr euch teilen. Wird nicht ganz leicht werden, aber dafür werden wir auch Wort halten – wir steigen nicht zum Gipfel hinauf.«

Rosi studiert die Rechnung. »Da steht nur die Endsumme, aber nicht, was jeder von euch bestellt hat.«

»Wenn du deinen Kopf ein wenig anstrengst, kannst du rauskriegen, was wir bestellt haben«, sagt Hein.

»Na, ich weiß wenigstens, was keiner von euch genommen hat.«

Auflösung auf Seite 112, aber bitte erst selber nachdenken!

Die Wirtin der Brotzeithütte ist die Frau Eberwein, nach der dieses kleine Wirtshaus mitten am Berg auch seinen Namen hat: die Eberwein-Alm. Ihr Mann ist der Chef der Seilbahn, den die Schweine schon

kennengelernt haben, ihre Tochter Erni bedient auf der Terrasse, und Oma Eberwein steht in der Küche und kocht.
Frau Eberwein hat mitbekommen, dass Herr Speckbauch Mathematiklehrer ist, und weil sie sich nur sehr ungern an ihre eigene Schulzeit erinnert (vor allem an die Mathematikstunden), beschließt sie, den Lehrer ein bisschen zu ärgern.
»Sie sind doch bestimmt ein ganz schöner Schlaukopf«, sagt sie, als sie ihm eine Tasse Kaffee und eine Portion Arme Ritter bringt. »Dann können Sie wahrscheinlich auch dieses Rätsel lösen: Also, gestern gingen hier zwei Mütter und zwei Töchter auf der Alm spazieren und fanden auf der Wiese drei Äpfel. Sie teilten sie so auf, dass jede einen ganzen Apfel bekam. Na, was sagen Sie als Mathelehrer dazu?«
Herr Speckbauch kaut auf seinen Armen Rittern herum und denkt dabei verzweifelt nach. »Müffen Fie etwaf warten«, mümmelt er. »Iff kann nifft mit vollem Mund fpreffen.«
Aber es will ihm einfach nichts einfallen. Zwei Mütter und zwei Töchter teilen sich drei Äpfel – und jede von ihnen bekommt einen ganzen. Das geht doch nicht! Wennn man das in Zahlen schreiben würde, bedeutete das ja 2+2=3.

Herr Speckbauch schüttelt verzweifelt den Kopf und kaut besonders langsam, damit er länger einen vollen Mund hat.

Hein, James und Bolle setzen sich zu ihm an den Tisch.

»Na, Herr Lehrer«, sagt James, »schmeckt's?«

Herr Speckbauch schluckt schnell runter, beugt sich zu den dreien von der Schweinebande herunter und flüstert: »Ich hätte ein Rätsel für euch. Ihr mögt so etwas doch so gern.«

Die drei nicken.

»Also, da gehen zwei Mütter und zwei Töchter spazieren und finden drei Äpfel. Sie teilen sie so auf, dass jede einen ganzen Apfel bekommt.«

»Na und?«, sagt Hein. »Was soll daran schwer sein?«

Herr Speckbauch starrt ihn an. »Soll das heißen, du weißt, wie das geht?«

»Na klar«, sagt Hein lässig. »Man muss nur logisch denken.«

Herr Speckbauch räuspert sich. »Es würde mich wirklich interessieren, ob du auch die richtige Antwort weißt. Ganz leicht – das kann ja jeder sagen.«

»Sie wissen die richtige Antwort«, sagt Hein mit einem sehr

hinterlistigen Grinsen im Gesicht, »und ich weiß sie. Das reicht doch wohl.«

Herr Speckbauch sieht sehr unglücklich drein. Er räuspert sich. »Tja, mir ist nur so etwas Dummes passiert ... ich ... also, ich hab sie vergessen.«

»Nicht möglich!«, sagt Hein.

»Ja, und da wäre ich dir wirklich sehr dankbar, wenn du sie mir ...«

»Natürlich. Kein Problem. Mir ist gerade eingefallen, wie Sie sich revanchieren können.«

Auflösung auf Seite 113, aber bitte erst selber nachdenken!

Herr Speckbauch klopft an seine Kaffeetasse. »Wenn ich dann mal um Ruhe bitten dürfte. Wir werden mit dem Aufstieg noch etwas warten. Es soll ja nicht gesund sein, in der prallen Mittagshitze auf Berge zu steigen, vor allem für ungeübte Schweine.«

»Bravo!«, ruft Rosi. Die Klasse freut sich.

»Auf die Idee hat mich euer Mitschüler Hein gebracht. Statt-dessen machen wir eine Stunde angewandte Mathematik.«

»Nein!«, kreischt Rosi. Die Klasse ist sauer.

»Darf ich auch mitmachen?«, ruft die Wirtin Eberwein.

»Aber gern, gnädige Frau.«

»Haben Sie inzwischen mein Rätsel gelöst?«

»Natürlich«, sagt Herr Speckbauch und zwinkert Hein zu. »Die Lösung hat mit dem Familienstand zu tun.«

»Sie haben es also doch herausbekommen! Aber wissen Sie, Rechnen und Denken sind zweierlei. Rechnen kann jeder lernen, mit dem Denken sieht es da schon anders aus.«

»Keine Sorge, ich kümmere mich um beides«, sagt Herr Speckbauch und faltet zufrieden die Arme vor seinem Bauch.

»Dann können Sie mir sicher auch bei der Lösung dieser seltsamen Geschichte helfen. Ich habe nämlich gerade vorhin erst meine zwei Söhne in den Keller geschickt, zwei Kisten Limo holen. Man muss dazu sagen, dass der Keller ziemlich schmutzig ist, weil wir früher dort Kohlen aufbewahrten. Die beiden kamen also wieder herauf, und der eine hatte ein schmutziges Gesicht, während der andere ganz sauber geblieben war. Ja, und was taten die beiden? Der mit dem sauberen Gesicht wusch sich, der andere nicht. Verstehen Sie das?«

Auflösung auf Seite 113, aber bitte erst selber nachdenken!

»Wahrscheinlich ist der eine ein Ferkel und wäscht sich nie.«

»Nein, das ist nicht die Lösung. Es ist ganz logisch, mein lieber Herr Mathematiklehrer!«

Liebe Frau Eberwein, das war aber nicht sehr fair«, sagt Herr Speckbauch gequält, als sie ihm endlich die Lösung verrät.

»Aber es war streng logisch. Und ich sagte ja immer: Vor dem Rechnen kommt das Denken.«

»Beides ist wichtig. Und das eine geht ohne das andere nicht. Da kann ich Ihnen auch eine Aufgabe stellen ...«

Die kleinen Schweine sind begeistert. Herr Speckbauch und die Wirtin der Brotzeithütte im Denkduell. Super. Gut möglich, dass ihr Lehrer vergisst, dass er gerade noch auf den Gipfel des Ebersteins wollte.

James ruft: »Wir machen einen Denkwettbewerb – Frau Eberwein gegen Herrn Speckbauch, und der Sieger kriegt eine doppelte Portion Eis, gestiftet von der Klassenkasse.«

»Jaja, und ihr lehnt euch zurück und stellt die Ohren auf Durchzug«, sagt Herr Speckbauch. »Nichts da. Wenn schon, dann machen alle mit. Wir stellen abwechselnd Fragen, und wer von euch als Erster die Lösung hat, der ...«

»... muss nicht auf den Gipfel klettern!«, ruft Bolle.

»Meinetwegen. Wenn dir nichts Besseres einfällt. Also los!«

Die Wirtin der Brotzeithütte fängt an: »Stellt euch vor, hier in den Bergen gibt es ein kleines, einsames Dorf, in dem 100 Schweine leben. Ein Teil von ihnen sagt immer die Wahrheit, der Rest lügt immer. Nun kommt ein Wanderer in dieses Dorf und fragt das erste Schwein, das er trifft, wie viele Lügner denn hier leben würden.

Auflösung auf Seite 114, aber bitte erst selber nachdenken!

Das erste Schwein antwortet:

“Es lebt genau ein Lügner hier”.

Er fragt das zweite Schwein, und das sagt: “Es sind genau zwei Lügner”. Und immer so weiter, bis er schließlich zum hundertsten Schwein kommt, das sagt: “Es leben genau 100 Lügner hier”. Nun frage ich euch: Wie viele Schweine lügen denn nun tatsächlich?«

Hein hat es zuerst rausgebracht. Bolle beäugt ihn neidisch. »Du musst schon mal nicht auf den Gipfel. Hoffen wir nur, dass auch eine Aufgabe für mich kommt.«

Herr Speckbauch ist hocherfreut. »Sehen Sie, das war ein gutes Beispiel für Rechnen und logisches Denken«, lobt er Frau Eberwein.

»Warum sind Sie dann nicht draufgekommen?«, sagt die.

Herr Speckbauch bekommt rote Bäckchen, aber nicht, weil ihm zu warm ist. Er schämt sich ein bisschen. Und er grübelt angestrengt nach, ob ihm nicht auch so eine vertrackte Aufgabe einfällt, mit der er diese freche Wirtin reinlegen kann. Wie er so nervös mit den Pfoten am Tisch hin und her wetzt, fällt ihm auch noch die Zuckerdose um, und der Zucker ergießt sich auf die Tischplatte.

»Sehen Sie mal, was Sie angerichtet haben«, sagt die Wirtin. »Sie sind mir ja ein schönes Vorbild für Kinder! Zappelig wie ein Spanferkel. Und wer macht jetzt den Haufen weg?«

Da hat Herr Speckbauch endlich eine geniale Idee. »Es gibt keine Haufen«, sagt er. »Grundsätzlich nicht!«

»Wie bitte?!«, sagt die Wirtin. »Und was ist das hier? Eine Schneeburg vielleicht?«

»Sehen Sie, auch das ist Logik«, sagt Herr Speckbauch und lächelt glücklich. »Wenn das wirklich ein Haufen ist, was ist er, wenn ich ein paar Zuckerkörner wegnehme?«

»Immer noch ein Haufen natürlich!«

»Und noch ein paar?«

»Immer noch.«

»Und noch ein paar ...«

»Haufen.«

»... und noch ...«

»Haufen!«

Inzwischen sind nur noch ein paar Körner übrig. Herr Speckbauch sagt: »Und wenn ich jetzt noch ein paar wegnehme, bleibt nur noch ein einziges Zuckerkorn übrig. Und ein Körnchen kann wohl kein Haufen sein. Also lautet die logische Folgerung: Es gibt keine Haufen!«

Auflösu
auf Seite 11
aber bit
erst selb
nachdenke

Frau Eberwein hat es die Sprache verschlagen.

»Und weil es keine Haufen gibt, muss ich auch keinen wegmachen«, sagt Herr Speckbauch voller Stolz.

Die Wirtin ist verärgert über Herrn Speckbauchs Logik, denn nun muss sie einen Haufen wegmachen, den es eigentlich gar nicht gibt, aber seine Schüler bewundern ihren Lehrer plötzlich sehr. Hätte man ihm nicht zugetraut.

»Dafür gebe ich eine Runde Käsekuchen aus«, sagt Herr Speckbauch.

»Solche Erfolge müssen gefeiert werden.«

»Runden Käsekuchen haben wir nicht«, sagt Frau Eberwein patzig.

»Na, na, gute Frau. Sie scheinen mir ja keine gute Verliererin zu sein. Dann nehmen wir eben einen eckigen.«

Frau Eberwein geht in die Küche und kommt gleich darauf mit einem großen, quadratischen Kuchenblech zurück.

»So, da ist der Kuchen. Wie viele Stücke wollt ihr?«

»Alle«, sagt Herr Speckbauch. »Wir sind zehn Schüler, ein Lehrer ... und Sie kriegen auch ein Stück. Doch, ich lade Sie zu einem Versöhnungskäsekuchen ein.«

»Sehr nett«, sagt Frau Eberwein und nimmt das große Kuchenmesser in die Hand.

»Daraus kann man bestimmt eine Aufgabe machen«, sagt Herr Speckbauch. »Warten Sie. Wie viele Schnitte müssen Sie wohl machen, um den Kuchen in zwölf Stücke zu teilen?«

»Fünf«, sagt die Wirtin. »Jedenfalls wenn der Kuchen auf dem Blech liegen bleiben soll.«

»Da wette ich dagegen. Man kann es nämlich auch mit vier Schnitten schaffen.«

Auflösung auf Seite 115, aber bitte erst selber nachdenken!

»Nie im Leben!«

»Sagen Sie niemals nie, wenn es um Mathematik geht!«

Aber sie sind nicht alle gleich groß, die Stücke!«, beschwert sich die Wirtin.

»Das war auch nicht die Aufgabe. Hauptsache, ich hatte recht mit meinen vier Schnitten.«

Herr Speckbauch hat sich natürlich eins der größeren Kuchenstücke genommen, so wie Bolle, James und Hein auch. Die Schweinebande ist sich sicher, dass ihr das auch zusteht. Schließlich haben sie die Klasse noch immer vor dem Klettern bewahrt. Aber jetzt wird es ernst. Herr Speckbauch schaut aus dem Fenster und sagt: »Es ist schon nach Mittag. Dann müssen wir jetzt aber los! Auf, auf, esst euren Kuchen – sonst kommen wir zu spät auf den Gipfel.«

Die Schweinebande rückt näher zusammen. »So ein Mist!«, sagt Bolle. »Jetzt erwischt es uns doch noch. Und dann müssen wir unser Essen wieder zurückzahlen! Fällt dir nichts ein, James? Oder dir, Hein?«

James schüttelt den Kopf. Hein steht auf und geht zur Küchentür. »Was soll das?«, fragt Bolle.

»Wenn man selber keine Munition mehr hat, muss man sich Verbündete suchen«, flüstert Hein und schlüpft in die Küche.

»Ihr wollt hierbleiben?«, sagt die Wirtin, nachdem ihr Hein alles erzählt hat. »Von mir aus gern. Schließlich lebe ich von meinen Gästen. Mach dir keine Sorgen, mit eurem Lehrer komm ich schon klar.«

Eine Minute später steht Frau Eberwein mit der Rechnung am Tisch und sagt: »So. Dann kriege ich jetzt dreimal die Hälfte vom Doppelten der Anzahl der Beine Ihrer Schüler geteilt durch vier. Und das geht aufs Haus.«

Sie stellt Herrn Speckbauch ein kleines Glas mit einer gelblichen Flüssigkeit vor die Nase.

»Was ist das?«

»Kräutersirup. Sehr gesund.«

Herr Speckbauch trinkt das Glas auf einen Zug aus, danach kneift er die Augen ein paarmal zusammen.

»Kräu...kräu...kräu...ter...was?«

»Oh, da hab ich mich wohl vertan«, sagt die Wirtin und schnuppert am Glas. »Riecht nach Kräuterschnaps. Sie haben aber auch einen Zug am Leib! Aber jetzt rechnen Sie erst einmal aus, wie viel Sie mir noch schuldig sind.«

Auflösung auf Seite 115, aber bitte erst selber nachdenken!

Herr Speckbauch ist nach diesem seltsamen Kräutergebräu sehr still und schläfrig geworden, er hat den Kopf auf den Tisch gelegt und geflüstert: »Mss ml 'n klns Schlfchn mchn.«

Hein, James und Bolle betrachten ihn sorgenvoll.

»Es passiert ihm doch nichts?«, fragt Hein.

»Ach wo«, sagt Frau Eberwein. »Er schläft nur ein bisschen. Dieser Bergkräuterschnaps zieht einem wirklich die Schuhe aus. Jedenfalls wenn man ihn nicht gewohnt ist.«

Die Klasse beruhigt sich, und die Wirtin holt einen großen Karton mit Brettspielen. »Da, sucht euch was raus – es gibt Schach, Halma, Mensch-ärgere-dich-nicht und Domino –, und ihr ...«, sie deutet auf die Schweinebande, »... ihr dürft mit mir in die Küche kommen. Erst hab ich euch geholfen, jetzt helft ihr mir. Eine Hand wäscht die andere.«

Hein, James und Bolle folgen der resoluten Wirtin in die Küche. Sie deutet auf einen Sack mit Zucker und sagt: »Wir haben ein kleines Problem. Ich muss heute Nachmittag noch Streuselkuchen backen und brauche genau zwei Pfund Zucker. Aber leider ist die Waage kaputt. Und meine alte hat zwei verschieden lange Arme. Damit kann man natürlich nicht genau wiegen. Lasst euch etwas einfallen. Schließlich seid ihr ja die Schlaumeier der Klasse.«

Frau Eberwein schiebt die drei an den Arbeitstisch, auf dem sich die ungleiche Waage, ein Pfundgewicht und ein paar Papiertüten befinden.

Auflösung auf Seite 115, aber bitte erst selber nachdenken!

»Jetzt kannst du beweisen, dass du ein schlaues Ferkel bist«, sagt Bolle zu Hein.

»Wieso ich? Wir sind alle zusammen die Schlaumeier, das hast du doch gehört.« Bolle stellt das Pfundgewicht auf die eine Seite der Balkenwaage, füllt eine Tüte mit Zucker und stellt sie auf die andere Seite. Dann schüttet er so viel Zucker dazu, bis die Waagschalen im Gleichgewicht sind. »Das hilft uns aber auch nichts«, sagt er.

»In der Tüte können ein Pfund Zucker sein, oder zwei oder drei ...«

Der clevere James hat es schließlich rausbekommen und überreicht Frau Eberwein stolz zwei Tüten mit je einem Pfund Zucker.

»Donnerwetter, ihr seid ja wirklich schlaue Schweine«, sagt sie. »Hat die Schule also doch was geholfen.«

»Das meiste wussten wir vorher schon«, sagt James.

»Dann könnt ihr mir jetzt beim Backen helfen.«

»Backen ist was für Mädchen«, sagt Bolle.

»Aber Essen ist was für Jungs, oder?«, sagt Frau Eberwein mit einem sehr deutlichen Blick auf Bolles Kugelbauch.

»Also, Dickerchen, nimm mal das Kochbuch aus dem Regal und such mir das Rezept für Streuselkuchen raus. Hab ich nämlich schon lange nicht mehr gemacht.«

Bolle sucht das Kochbuch im Regal, aber es sind gleich fünf,

wie bei einer Lexikonreihe. Auf den Rücken steht »Aal-Essig«, »Estragon-Himbeersirup«, »Hirschbraten-Napfkuchen«, “Navarin-Reisauflauf« und »Rinderbrühe-Zimtgebäck«. Bolle hat ziemlich schnell raus, dass Streuselkuchen wohl im letzten Band sein muss, aber als er das Buch aufschlägt, rieselt ihm ein feiner Papierstaub auf das Hemd.

»Iiih, was ist denn das für ein Zeug?«

»Ach, das ist nur der olle Bücherwurm, der sich schon seit Jahren durch die Kochbücher frisst«, sagt die Wirtin. »Da kannst du gleich mal zeigen, ob du auch ein Schlaukopf bist«, sagt sie zu Bolle. »Wenn dieser Bücherwurm sich quer durch die aufrecht nebeneinanderstehenden fünf Bücher frisst und eines Morgens genau auf der ersten Seite des ersten Bandes anfängt und am Abend auf der letzten Seite des zweiten Bandes angekommen ist – wie viele Zentimeter hat er dann gefressen?«

»Dazu müsste ich wissen, wie dick die Bücher sind«, sagt Bolle.

Auflösung auf Seite 116, aber bitte erst selber nachdenken!

»Jeder Buchblock, also nur das Papier, ist sechs Zentimeter dick und der Umschlag jeweils einen Zentimeter.«

Jetzt mixen wir die Zitronenlimonade für den Abend. Die mach ich nämlich jeden Tag frisch. Und dafür brauch ich Zitronen, Zucker und Wasser. Zucker haben wir, Zitronen auch. Aber der Rest wird schwierig. Es müssen nämlich genau 4 Liter Wasser sein.«

»Und? Was soll daran schwer sein?«, fragt James.

»Das Problem ist, dass ich nur einen 3-Liter-Kanister und einen 5-Liter-Kanister habe.«

»Dann nehmen wir eben 5 Liter und schütten ein Fünftel wieder weg.«

»Und wie willst du ein Fünftel bestimmen?«

»Ach, das kann man doch frei nach Schnauze machen«, sagt James lässig. »Wozu haben Schweine Schnauzen?«

»Nein. Mutter Eberweins Zitronenlimonade wird haargenau nach Rezept zubereitet, sonst schmeckt sie nicht. Also lasst euch etwas anderes einfallen, Jungs!«

Auflösung auf Seite 116, aber bitte erst selber nachdenken!

Wenn Schweine in der Küche arbeiten, muss es deshalb nicht wie im Saustall aussehen. Das Durcheinander auf dem Arbeitstisch hat System. Trotzdem stimmt auf der nächsten Doppelseite etwas nicht.

»Irgendwas ist hier vertauscht«, sagt Hein.

Nur was?

MATHEMA
tricks

Auflösung
auf Seite 116,
aber bitte erst
selber nachdenken!

Ja, Jungs«, sagt Frau Eberwein, »da kann man ganz schön seine Konzentration trainieren. Stellt euch vor, das mussten wir früher jeden Morgen machen, ich und mein Bruder Erwin, bevor wir aus dem Haus gingen. Mein Vater sagte: “Schaut euch den Frühstückstisch ganz genau an – ihr habt zehn Sekunden.” Danach mussten wir uns umdrehen, und er verstellte irgendwas am Tisch, oder er nahm etwas weg. Meistens nur eine Winzigkeit. Dann mussten wir uns wieder umdrehen und rausbekommen, was er verändert hatte. Nach ein paar Monaten merkten wir es sogar, wenn nur ein einziger Brotbrösel am Tisch fehlte.«

»Klingt spannend«, sagt Hein. »Lasst uns das auch mal spielen.«

Die drei starren aufmerksam auf den Tisch, dann drehen sie sich um. Frau Eberwein grinst und verschiebt leise einen Löffel. »Ihr könnt wieder schauen«, sagt sie, aber nachdem sich die drei umgedreht haben und minutenlang auf den Tisch gestarrt haben, müssen sie aufgeben.

»Da müsst ihr noch viel üben. Kann übrigens nicht schaden. Als Schlaukopf muss man sich auch konzentrieren können. Jetzt müssen wir aber das Wasser für die Zitronenlimonade aufkochen.«

Sie stellt den Topf mit den vier Litern Wasser auf den Herd und schärft der Schweinebande ein: »Das Wasser muss genau fünf Minuten auf dem Feuer stehen. Keine Minute weniger und keine mehr. Ich gehe so lange in den Keller.«

»Wo gibt es hier denn eine Uhr?«, fragt Bolle.

»Hier gibt's nur zwei uralte Sanduhren. Trotzdem gehen sie noch sehr genau. Die eine läuft exakt vier Minuten, die andere drei.«

»Ach. Damit soll man genau fünf Minuten abmessen können?«

Auflösung auf Seite 117, aber bitte erst selber nachdenken!

»Wenn man ein Schlaukopf ist, dann schon.«

Die Wirtin ist sehr zufrieden mit Hein, James und Bolle, als sie wieder aus dem Keller zurück ist. »Das habt ihr gut hingekriegt. Jetzt nur noch die Zitronen auspressen, und dann seid ihr fürs Erste fertig. Aber ich glaube, ihr braucht noch eine anständige Rätselaufgabe, damit euch dabei nicht langweilig wird.«

»Unbedingt«, sagt Hein. »Und wahrscheinlich so eine: Wenn drei Schweine in sieben Stunden 63 Zitronen auspressen, wie viele Zitronen können dann 12 Schweine in einer halben Stunde auspressen – wenn die Hälfte von ihnen außerdem ein verstauchtes Handgelenk hat. Nein, danke, so etwas hören wir jede Woche von Herrn Speckbauch.«

»Achtzehn«, sagt Frau Eberwein.

»Achtzehn was?«

»So viele Zitronen pressen die 12 Schweine in einer halben Stunde aus – wenn man annimmt, dass sie alle Rechts-händer sind und sich das linke Handgelenk verstaucht haben. Aber so einen Quatsch wollte ich von euch nicht wissen. Presst mal jeder eine Zitrone aus und schüttet den Saft jeweils in ein Glas, dann zeige ich euch was.«

Die drei füllen jeder ein Glas mit Saft, und Frau Eberwein stellt die drei vollen Gläser neben drei leere.

»So. Jetzt möchte ich von euch wissen, wie kann man mit möglichst wenigen Zügen eine gemischte Reihe bekommen? Als Zug gilt, wenn man ein Glas bewegt.«

Auflösung auf Seite 117, aber bitte erst selber nachdenken!

»Da braucht man mindestens drei Züge«, sagt Hein nach kurzem Nachdenken.

Die Wirtin lacht. »Ich wette, es geht auch mit einem.«

»Mit einem? Nie im Leben!«

James, während Hein und Bolle die Limonade abfüllen, könntest du ja inzwischen die Speisekarte für den Abend schreiben«, sagt Frau Eberwein. »Heute kommt eine Kindergartengruppe, und die Kleinen können alle noch nicht lesen. Deswegen machen wir von dem, was es zu essen gibt, Zeichnungen. Meinst du, du schaffst das?«

»Na klar. Würstchen, Käsebrötchen und Kuchen sind nicht so schwer zu zeichnen.«

»Ganz so leicht wird es allerdings nicht. Schau dir mal die Tafel von letzter Woche an.«

»Ach du Schande!«, sagt James. »Was soll denn das alles bedeuten?«

»Das kannst du dir jetzt in aller Ruhe überlegen.«

Auflösung auf Seite 117, aber bitte erst selber nachdenken!

HEUTE:
1.
2.
3.
4.
5.
6.
7.

Zwei Schweine in Wanderkleidung stecken die Köpfe durch die Küchentür. Das eine Schwein sagt: »Liebe Frau Eberwein, wie schön, dass wir Sie mal wieder besuchen dürfen!«

Das zweite Schwein sagt: »Gibt es auch etwas von Ihrem köstlichen Streuselkuchen?«

»Bin gerade dabei, ihn zu backen«, ruft die Wirtin. »Das sind übrigens meine neuen Küchenjungs. Ich komme gleich zu Ihnen, nehmen Sie schon mal Platz.«

»Wer war denn das?«, fragt Bolle.

»Ach, das sind alte Stammgäste, die kommen jedes Jahr vorbei. Der eine Gast ist übrigens der Vater des Sohnes des anderen Gastes.«

Bolle starrt Frau Eberwein fassungslos an.

»Wie bitte? Geht das auch einfacher?«

»Klar. Aber ich denke, ihr seid so clevere Burschen.«

Jetzt mischt sich Hein ein. »Das sind wir auch. Und wenn ich Ihnen sage, was die beiden noch sind, ist unsere Sklavenarbeit dann beendet?«

»Meinetwegen. Dabei hatte ich gedacht, es würde euch Spaß machen, mir etwas in der Küche zu helfen.«

»Tut es auch, aber wir sollten uns lieber wieder um unseren Klassenlehrer kümmern. Also: Ich glaube, dieser Sohn des einen Gastes hat einen Opa, der der Schwiegervater des anderen Gastes ist.«

»Aber ganz genau«, sagt die Wirtin. »Und jetzt raus mit euch, und nehmt noch eine Limo für jeden mit.«

Auflösung auf Seite 118, aber bitte erst selber nachdenken!

Als die drei in die große Wirtsstube kommen, ist schwer was los. Alle Schweinchen spielen, quietschen und singen, nur Herr Speckbauch sitzt zusammengesunken in einer Ecke und schnarcht selig. Die Stammgäste winken Hein, James und Bolle zu sich an ihren Tisch und stellen sich vor. »Ich bin Gustav, und das ist meine Frau Traudl, und wir würden gern wissen, was all die kleinen Schweine hier treiben.«

Hein erklärt den beiden, wieso sie hier oben sind.

»Soso, Wandertag habt ihr«, sagt Gustav. »Ich erinnere mich auch noch dunkel an so etwas. Schrecklich. Entweder mussten wir durch dunkle Wälder marschieren und jede Blume und jeden Baum beim Namen nennen ...«

»... oder man stieg auf den Eberstein«, sagt seine Frau.

»Und das ist bis heute so geblieben. Na, schönen Dank! Wir fahren ab heute nur noch mit der Seilbahn.«

Hein hat eine Idee. »Wissen Sie eigentlich, wie viele Gondeln die Seilbahn zum Eberstein hat?«

Die beiden Stammgäste schütteln die Köpfe.

»Es sind genau 36, ich habe sie nämlich gezählt. Haben Sie zufällig darauf geachtet, wie viele Gondeln Ihnen bei der Fahrt zur Bergstation begegnet sind?«

»Nein. Auf so etwas achtet man doch nicht.«

»Ich kann es Ihnen aber trotzdem sagen. Es muss nämlich immer dieselbe Anzahl sein.«

Auflösung auf Seite 118, aber bitte erst selber nachdenken!

»Donnerwetter, du bist ja ein schlaues Schweinchen«, sagt Gustav. »Dann kannst du vielleicht auch dieses Rätsel lösen: Es gibt bei dieser Seilbahn Viererkarten und Einzelfahrscheine. Eine Viererkarte kostet einen Euro, und eine Einzelfahrkarte kostet 30 Cent. Nun bin ich vorhin an den Schalter gegangen und habe dem Mann einen Euro gegeben. Er hat nicht gefragt, was ich will, sondern hat mir gleich eine Viererkarte gegeben. Wie ist er denn bloß darauf gekommen, mir das zu geben, was ich wollte? Ist er vielleicht ein Gedankenleser?«

»Ganz bestimmt nicht«, sagt Hein. »Er hat eben Ihre Frau

gesehen, und da wusste er genau, dass Sie keine Einzelfahrkarte wollen.«

»Hat er nicht. Meine Frau kam erst ein paar Minuten später an der Talstation an.«

»Frau Eberwein hat doch gesagt, dass Sie alte Stammgäste sind. Wahrscheinlich kannte der Mann an der Seilbahn Sie von früher und wusste, dass Sie immer zusammen mit Ihrer Frau hinauffahren ...«, sagt Hein.

»Nein. Wir sind heute das erste Mal Seilbahn gefahren.«

»... oder Sie haben ihm heimlich irgendein ein Zeichen gemacht ...«, sagt James.

Auflösung auf Seite 118, aber bitte erst selber nachdenken!

»Nein, hab ich nicht.«

»... oder vielleicht hatte der Mann am Schalter nur noch Viererkarten«, schlägt Bolle vor.

»Alles falsch«, sagt der Stammgast. »Na, so clever seid ihr offenbar doch nicht.«

Die Schweinebande grübelt und grübelt, aber sie kommt nicht drauf. Wie peinlich. Dabei steht ihre Reputation als schlaustes Trio der Schule auf dem Spiel.

Schließlich geben die drei auf.

Wir müssen zugeben, dass Sie uns ganz schön reingelegt haben«, sagt Hein nicht ohne Bewunderung. »Und das passiert den Mitgliedern der Schweinbande sehr selten. Gratuliere.«

»Danke«, sagt Gustav und lächelt seiner Frau zu. »Und wir müssen zugeben, dass wir auch alte Rätselschweine sind, was, Traudl?«

Sie nickt. »Denk nur daran, was uns letzten Winter hier passiert ist: Wenn wir nicht solche Tüftler wären, hätte es das allergrößte Verkehrschaos gegeben!«

»Du hast recht«, sagt Gustav. »Sie wären völlig verloren gewesen ohne uns.«

»Was ist denn passiert im letzten Winter?«

»Es war so kalt, dass die Seilbahn eingefroren ist. Also musste man die Verpflegung auf eine andere Weise hinauf zur Hütte bringen. Der Schnee lag so hoch, dass man zu Fuß nicht aufsteigen konnte, also fuhr zuerst Herr Eberwein mit seinem Schneepflug den Weg zur Hütte hinauf. Und dieser Weg ist sehr schmal, gerade mal breit genug für einen Wagen. Hinter Herrn Eberwein fuhren wir mit unserem

Allradauto. Wir übernachteten auf der Hütte, und am nächsten Morgen fuhren wir wieder hinunter ins Dorf – vor uns Herr Eberwein mit seinem Schneepflug, dahinter wir. Mitten auf der Fahrt kamen uns zwei andere Autos entgegen. Jetzt gab es einen großen Streit, aber wir wollten nicht den ganzen Weg zurück zur Hütte fahren, und die beiden anderen nicht wieder bis ins Tal hinab. Aber glücklicherweise trafen wir uns gerade an einer Ausbuchtung, in der aber nur ein Wagen ausweichen konnte. Nun stellt sich die Frage, wie kommt man mit möglichst wenig Herumrangieren aneinander vorbei?«

»Wie oft haben Sie denn rangiert?«, fragt Hein.

»Wir sind einmal vor- und einmal zurückgefahren«, sagt Traudl.

Auflösung auf Seite 118, aber bitte erst selber nachdenken!

Heins Schwestern Rosa und Rosi haben sich zu den Stammgästen an den Tisch gesetzt.

»Uns ist langweilig«, maulen die beiden. »Wir haben alle Spiele schon durch, und die blöden Rüssel-zwillinge ärgern uns ständig. Ziehen uns an den Ohren und versuchen unsere Schwänze zusammenzuknoten.«

»Wir verdreschen sie auf dem Rückweg«, beruhigt Hein seine Schwestern, und James und Bolle nicken begeistert.

»Wenn euch langweilig ist, können wir uns ja etwas die Zeit vertreiben«, sagt Gustav. »Vielleicht sogar auf eine etwas anspruchsvollere Weise, als andere zu verdreschen!«

Die Schweinebande schaut schuldbewusst drein.

»Wusstet ihr eigentlich schon, dass ich ein ausgebildeter Gedankenleser bin?«, fragt Gustav.

»Neiiiin!«, staunen die Schwestern.

»Doch. Ich kann es euch beweisen.«

Er malt ein paar Striche auf ein großes Stück Papier und befestigt das mit zwei Reißzwecken an der Wand. Dann sucht er aus dem Anfeuerholz vor dem Kamin einen Stock heraus, gibt ihn seiner Frau und sagt: »Ich halte mir die Augen zu, und ihr einigt euch auf eines der neun Felder auf dem Papier. Dann werde ich die Augen wieder aufmachen, meine Frau wird nacheinander auf alle neun Felder zeigen – und ich werde das richtige finden.«

»Unmöglich«, sagt Hein.

Aber tatsächlich, nachdem sich alle auf das Feld ganz links oben geeinigt haben, deutet Gustavs Frau nacheinander auf verschiedene Felder, und als sie beim richtigen angekommen ist, sagt Gustav: »Stopp! Das ist es.«

Unglaublich. Aber nach dem vierten Mal hat die Schweinebande rausbekommen, wie Gustav das macht.

Auflösung auf Seite 119, aber bitte erst selber nachdenken!

Mehr!«, rufen Rosi und Rosa. »Damit können wir endlich die doofen Zwillige reinlegen! Kennen Sie noch ein paar so tolle Tricks?«

»Doch ja«, sagt Gustav. »Aber das sind keine Tricks, das sind einfach Mathematikaufgaben, naja, wenigstens logische Rätsel. Gutes Futter für das Hirn.«

»Dann her damit!«, ruft Rosi.

Gustav nimmt sich einen Stapel von Bierdeckeln und zählt neun davon ab, die er wie eine Raute, die auf dem Kopf steht, auf den Tisch legt.

»So, das sind die acht Berge, die rings um den Eberstein stehen. Der ist der höchste hier, das wisst ihr ja. Und weil es viel zu kompliziert wäre, die genaue Höhe auf den Deckel zu schreiben, bekommt er einfach die Neun. Nun geht fast von jedem Berg zu seinen Nachbarbergen eine Seilbahn. Aber diese Seilbahnen brauchen ein bestimmtes Gefälle, sonst lohnen sie sich nicht. Also muss zwischen zwei Bergen – bei uns zwischen zwei Bierdeckeln – immer mindestens ein Abstand von zwei bestehen. Es dürfen also keine zwei aufeinanderfolgenden Ziffern auf zwei Bierdeckeln stehen, die miteinander mit einer Bergbahn verbunden sind. Kapiert?«

»Alles klar«, sagt Hein. »Und wir sollen wahrscheinlich jetzt die restlichen Berge beschriften.«

»Ganz genau. Und schaut genau hin, welche Berge mit einer Seilbahn miteinander verbunden sind. «

Auflösung auf Seite 119, aber bitte erst selber nachdenken!

Aber reinlegen kann man die doofen Zwillinge damit nicht«, sagt Rosi. »Die sind ja viel zu bescheuert, bei so etwas überhaupt mitzumachen. Wissen Sie nicht irgendwas, womit man kleine Schweine ärgern kann?«

»Es müssen ja nicht nur kleine Schweine sein«, sagt Rosa. »Es können auch hinterlistige Fragen sein, mit denen man Eltern oder Lehrer ärgern kann.«

»Oder ältere Brüder, die sich für oberschlau halten«, ruft Rosi mit einem Seitenblick auf Hein.

»O ja«, sagt Gustav vergnügt, »davon kenne ich jede Menge. Wie wär's zum Beispiel damit: Was kommt einmal in jeder Minute, zweimal in jedem Moment, aber nie in tausend Jahren vor?«

»Ach, das ist doch ein alter Hut«, sagt Hein Schwein und winkt gelangweilt ab.

Rosi und Rosa verdrehen genervt die Augen.

»Na, wie wär's denn damit: Darf ein Mann die Schwester seiner Witwe heiraten?«

»Natürlich nicht«, sagt Hein und gähnt ein bisschen. »Denn

wenn seine Frau eine Witwe wäre, wäre er ja tot.«

Rosi und Rosa schauen böse.

»Und welcher Monat ist bei uns hier in Deutschland der längste?«

Hein grinst und sagt es ihm. Langsam wird auch Gustav ärgerlich. »Also, du Oberschlaumeier, dann beantworte mir doch diese Frage: Die Musiker eines Orchesters spielen gemeinsam vor Publikum, aber niemand hört zu. Warum nicht?«

»Hm. Vielleicht ist das Publikum taub?«

»Nein.«

»Oder es sind alles Geiger, und alle Saiten sind gerissen!«

»Quatsch!«

Auflösungen auf Seite 120, aber bitte erst selber nachdenken!

»Na gut, alles kann man auch nicht wissen«, sagt Hein. Aber er ärgert sich trotzdem gewaltig. Es kommt sehr selten vor, dass man ihn reinlegt.

Gustavs Frau will die Wogen glätten und lädt die Schweinebande und Heins Schwestern zum Tee ein.

Aber nachdem auch sie eine alte Rätseltante ist, kann sie das natürlich nicht auf die übliche Art machen.

»Was wollt ihr denn? Labise oder Vamel, Almelki oder Echflen? Oder vielleicht Lodenhur?«

»Was ist los?«, sagt James. »Gibt es inzwischen neue Geschmacksrichtungen, von denen ich noch nichts gehört habe?«

»Aber nein, die kennst du alle. Musst nur nachdenken.«

Traudl grinst, und die fünf Schweinchen kneifen die Augen zusammen und denken angestrengt nach.

Hein kommt als Erster drauf. Man sieht ihm an, wie wichtig ihm das ist, denn als Rätselkönig muss man natürlich auch immer der Beste sein. Das ist ganz schön anstrengend.

»Ich nehme eine Tasse Miffenpferze.«

Auflösungen auf Seite 120, aber bitte erst selber nachdenken!

»Ach ja? Und was soll das bitte sein?«, fragt James.

»Na, Miffenpferze eben. Das ist meine Lieblingssorte.«

James schüttelt verständnislos den Kopf. Da schaltet sich Bolle ein. »Und für mich eine Tasse Schiefertip bitte.«

»Sehr gerne«, sagt Traudl. »Schön, dass du es jetzt auch kapiert hast.«

Endlich fällt auch bei Rosi und Rosa der Groschen. »Für uns bitte zwei Tassen Schwaetzer, bitte mit Ontrize. Und schön kalt!«

Nur der arme James hat es immer noch nicht gerafft. »Dann nehm ich eben noch eine Limo«, sagt er.

Ein Bergsteiger kommt in die Wirtsstube und stellt stöhnend seinen Rucksack ab. »Ich möchte nur wissen, wie schwer dieses Mistding ist«, sagt er und wischt sich den Schweiß von der Stirn. »Gibt es hier eine Waage, auf der man den Rucksack wiegen kann?«

»Wie viel der Rucksack wiegt? Das ist doch ganz leicht«, sagt Frau Eberwein. »Stellen Sie ihn doch einfach auf unsere Personenwaage. Werfen Sie 50 Cent ein, und Sie wissen es.«

»Das funktioniert aber leider nicht, denn diese Waage zeigt erst ab einem Gewicht von zehn Kilo an. Was soll ich tun?«

»Stellen Sie sich einfach dazu auf die Waage. Sie werden ja wohl wissen, wie viel Sie wiegen. Und dann ziehen Sie einfach vom Gesamtgewicht Ihr Gewicht ab.«

»Würde ich gern, aber leider weiß ich nicht, was ich wiege. Irgendetwas zwischen 50 und 60 Kilo.«

»Das ist natürlich schlecht. Ich weiß auch nur, dass ich genau 60 Kilo mehr wiege als meine beiden kleinen Zwillinge zusammen.«

»Das ist auch sehr ungenau. Ich muss unbedingt wissen, wie viel mein Rucksack genau wiegt.«

Da mischt sich Hein ein. »Aber wenn sich die Frau Eberwein zusammen mit ihren Zwillingen und dem Rucksack auf die Waage stellt, kann man doch bestimmt ausrechnen, wie viel der Rucksack wiegt.«

»Tatsächlich?«, sagt der Bergsteiger. »Das ist mir zu hoch. Das musst du mir ausrechnen.«

Frau Eberwein stellt sich zusammen mit den Zwillingen und dem Rucksack auf die Waage, und die zeigt 88 Kilo an. Aber Hein kann dem Bergsteiger nur deshalb ganz genau sagen, wie schwer dessen Rucksack ist, weil er weiß, dass die Zwillinge zusammen dreimal so schwer sind wie der Rucksack.

Auflösung auf Seite 120, aber bitte erst selber nachdenken!

Muss man denn immer rechnen?«, sagt die Frau Eberwein. »Man kann doch genauso gut ohne Zahlen logisch denken.«

»Aber natürlich, gnädige Frau«, sagt Gustav. »Niemand weiß das besser als ich. Schauen Sie mich nur an, dann haben Sie ein Rätsel vor sich, das nichts mit Mathematik zu tun hat. Nur mit Logik.«

»Sie ansehen?«, sagt die Wirtin. »Sie wollen ein Rätsel sein?«

»Aber ja, ich meine natürlich meinen neuen Haarschnitt. Wie finden Sie ihn?«

»Sehr ordentlich.«

»Finde ich auch. Dabei war es nicht so einfach, einen so

sauberen Haarschnitt zu bekommen. Wir waren nämlich vorher im Dorf. Und da fiel mir ein, dass ich in der Stadt vergessen hatte, zum Friseur zu gehen. Ich gehe sehr ungern zu fremden Friseuren, weil man nie weiß, ob sie gut sind oder nicht. Und ich konnte auch niemanden fragen, welcher Friseur hier der bessere ist.«

»Im Dorf? Oje. Da haben Sie hoffentlich nicht …«

Gustav lächelt. »Nein, wie Sie sehen, habe ich den guten Friseur gefunden. Zuerst war ich beim Herrn Unterbichler, der hatte einen sehr ordentlichen Haarschnitt und ein sehr sauberes und modern eingerichtetes Geschäft, und dann besuchte ich den Herr Oberbichler, aber der hatte einen schrecklichen Haarschnitt und ein sehr schmutziges Geschäft. Ich fragte ihn, ob es noch einen dritten Friseur im Dorf gäbe.«

»Nein«, sagte der Herr Oberbichler, »es gibt nur diese zwei Friseure hier.«

»Und wer hat Ihnen nun die Haare geschnitten?«, fragt James.

»Das frage ich euch«.

Auflösung auf Seite 121, aber bitte erst selber nachdenken!

Gut nachgedacht«, sagt Gustav anerkennend. »Da scheint euer Mathematiklehrer eine anständige Arbeit geleistet zu haben. Wo steckt er eigentlich? Ihr habt doch gesagt, er sei mit euch auf der Hütte.«

Bolle deutet in die Ecke, wo Herr Speckbauch immer noch schlummert, den Kopf auf den Tisch gelegt.

»Er ist wohl etwas übermüdet. Kein Wunder bei einer solchen Klasse.«

»Ach nein, er hat eher bei einer Prozentrechnung nicht aufgepasst. Der Kräutersirup, den er getrunken hat, hatte nämlich 40 Prozent und nicht vier.«

»Tja, auch Mathematiklehrer bringen manchmal die Zahlen durcheinander«, sagt James.

»Soso, Schlaumeier also ...«, sagt Gustav und zieht eine Schachtel Streichhölzer aus der Tasche.

»Hier wird nicht geraucht!«, sagt Frau Eberwein giftig.

»Ich rauche nicht, ich will diesen besserwisserischen Schweinchen nur zeigen, dass sie so schlau auch nicht sind.« Er nimmt neun Streichhölzer aus der Schachtel.

»Ach. Ausgerechnet mit Streichhölzern!«, sagt Hein.

»Genau. Und wenn ihr wirklich so schlau seid, könnt ihr mir bestimmt auch sagen, wie man aus neun Streichhölzern elf macht?«

»Man bricht einfach zwei in der Mitte durch, dann hat man elf«, sagt James.

»Das ist nicht die richtige Lösung. Man darf die Streichhölzer bewegen, aber nicht zerbrechen.«

Auflösung auf Seite 121, aber bitte erst selber nachdenken!

»So, jetzt mal Platz gemacht, Herrschaften«, sagt die resolute Wirtin, »jetzt muss ich die Tische für die Abendgesellschaft zusammenstellen.«

»Abendgesellschaft?«, sagt Hein. »Ist es schon so spät? Dann haben wir ja tatsächlich den ganzen Nachmittag hier vertrödelt?«

»Wie schrecklich!«, quieckt Rosi begeistert. »Dann werden wir wohl auch nicht mehr auf den Gipfel steigen können. Das hast du gut gemacht, Brüderchen.«

»Könnt ihr bitte alle mal mit anfassen«, sagt Frau Eberwein. »Sonst werde ich nämlich nicht fertig. Ich muss auch noch kochen.«

»Gern, was sollen wir tun?«, fragt James.

»Alle drei Tische in eine Reihe stellen. Es muss eine lange Tafel geben.«

»Aber das geht doch nicht. Diese Tische sind doch alle verschieden groß.«

»Unsinn«, sagt die Wirtin. »Die sind alle auf den Millimeter genau gleich. Könnt ihr mir schon glauben.«

Aber die Schweine bleiben misstrauisch.

Auflösung auf Seite 121, aber bitte erst selber nachdenken!

Ach nein!«, kreischt Frau Eberwein, die gerade eine große, blau-weiß karierte Tischdecke auseinandergefaltet hat. In der Mitte sind ein paar Brandlöcher. »Das waren die frechen Rotzlöffel von letzter Woche, die mit den Kerzen rumgespielt haben. Die Decke kann ich glatt wegwerfen!«

»Aber nein«, sagt Hein. »Sie können den Streifen in der Mitte doch herausschneiden und die zwei Stoffbahnen wieder zusammennähen.«

»Das geht nicht, weil die Decke auf der kürzeren Seite mindestens sieben Felder lang sein muss, sonst bedeckt sie den Tisch nicht. Wenn ich den Streifen in der Mitte rausschneide, ist sie nur noch sechs Felder lang.«

»Dann schneiden Sie sie eben in ein paar kleinere Teile und nähen alle so zusammen, dass die Decke wieder passt.«

Auflösung auf Seite 122, aber bitte erst selber nachdenken!

»Das schaffe ich in der kurzen Zeit nicht«, sagt die Wirtin.

»Aber es geht trotzdem«, sagt Hein. »Sie können die Decke so auseinanderschneiden, dass nur zwei Teile übrig bleiben, und wenn Sie die wieder zusammennähen, haben Sie eine Decke, die acht Felder lang und sieben Felder breit ist.«

»Das würde mich aber wirklich interessieren!«

»Kein Problem«, sagt Hein und nimmt die Schere in die Hand. »Das zeige ich Ihnen gern.«

Herr Speckbauch regt sich. Die Wirkung des Kräuterschnaps lässt langsam nach. Der Mathelehrer grunzt, gähnt und kratzt sich am Kopf. Endlich bekommt er die Augen wieder auf.

»Guten Morgen«, sagt Rosi freundlich. »Haben Sie gut geschlafen, Herr Speckbauch?«

»Wassislos?«, grummelt der Lehrer. »Was haben wir'n für'n Tag heute?«

Er ist noch nicht ganz bei sich. Da kann eine kleine Denksportaufgabe sehr hilfreich sein.

Rosi sagt: »Passen Sie auf: Vorgestern war vier Tage nach dem Tag vor Sonntag.«

»Brrrr…«, macht Herr Speckbauch. »Nicht gleich am Morgen schon wieder denken. Sag mir einfach, welcher Tag heute ist.«

»Tut mir leid«, sagt Heins Schwester, »aber Sie haben selbst gesagt: Das Beste für einen frischen Kopf ist am Morgen eine kleine Denksportaufgabe.«

Herr Speckbauch knurrt und verrollt die Augen.

»Na schön, also was? Vorgestern … vier Tage

… also ist heute

… ist heute …«

Die Augen fallen ihm wieder zu.

Auflösung auf Seite 122, aber bitte erst selber nachdenken!

Der Mathelehrer reibt sich die Augen. So langsam hat er sich von dem Kräuterschnaps wieder erholt, aber er ist noch immer ziemlich müde.

»Bringen Sie mir doch bitte einen starken Kaffee«, sagt er zu Frau Eberwein.

»Hmhm«, brummelt die und verschwindet in der Küche. Inzwischen rücken die Schweine die Tische für die Abend-gesellschaft zusammen. Der Kaffee kommt, Herr Speckbauch zuckert ihn und will gerade einen Schluck nehmen, da stutzt er und starrt in die Tasse.

»Wirtschaft!«, ruft er,
»Hallo, Frau Wirtin,
kommen Sie doch
bitte mal!«

Frau Eberwein kommt aus der Küche, sichtlich genervt, weil sie kochen muss und keine Zeit hat. »Was ist denn?«

»In meinem Kaffee schwimmt eine Fliege! Das ist ja wohl ein starkes Stück.«

»Ach, das kann schon mal vorkommen. Holen Sie sie eben mit dem Löffel raus.«

»Ich denke ja nicht daran«, sagt Herr Speckbauch. »Ich will einen neuen Kaffee. Und zwar schnell. Wir haben es eilig.«

Frau Eberwein nimmt die Tasse, geht damit in die Küche, kommt kurz darauf zurück und stellt eine Tasse Kaffee auf den Tisch.

Herr Speckbauch nimmt einen Schluck und sieht die Wirtin mit zusammengekniffenen Augen an.

»Das ist derselbe Kaffee, den Sie gerade hinausgetragen haben.«

Auflösung auf Seite 122, aber bitte erst selber nachdenken!

»Wie kommen Sie denn darauf!«

»Schließlich bin ich Mathematiklehrer. Also lügen Sie mich bloß nicht an.«

Frau Eberwein bekommt einen roten Kopf und trägt den Kaffee wieder zurück in die Küche.

Herr Speckbauch ist wieder frisch und munter. »Habt ihr euch nicht schrecklich gelangweilt ohne mich?«

Die Schweine beruhigen den Lehrer und versichern ihm, dass sie inzwischen sehr viel Mathematik geübt haben.

»Dann ist es ja gut. Und nach meinem kleinen Schläfchen können wir jetzt endlich den Gipfel erstürmen.«

Er steht auf und geht hinaus auf die Veranda. Da erst merkt er, wie spät es geworden ist. Die Sonne geht schon unter und taucht die Bergkette in ein romantisches, schweinchenrosa Licht.

»Wird wohl nichts mehr werden mit dem Gipfelstürmen«, sagt Hein. »Wir schaffen es nicht mal mehr zu Fuß bis ins Tal. Werden wohl noch mal mit der Seilbahn fahren müssen.«

Herr Speckbauch muss zugeben, dass Hein recht hat.

Inzwischen haben sich alle Schülerinnen und Schüler auf der Veranda versammelt, und auch Frau Eberwein ist gekommen, um sich zu verabschieden.

Auflösung auf Seite 122, aber bitte erst selber nachdenken!

»Kommen Sie bald mal wieder, aber dann bleiben Sie lieber wach und kümmern sich um Ihre Schweinchen!«, sagt sie.

Herr Speckbauch, dem das schon etwas peinlich ist, lenkt ab und deutet auf die Eberwein-Alm. »Und Sie könnten inzwischen mal das Haus anstreichen lassen. Sieht ja ganz schön runtergekommen aus.«

Frau Eberwein seufzt. »Ich weiß. Ich habe vier Maler angestellt, die die Fassade in fünf Tagen streichen wollten. Vorgestern haben sie angefangen, aber jetzt sind zwei davon krank geworden, und ich weiß nicht, wie lange es dauert, bis die restlichen zwei damit fertig sind.«

»Da kann Ihnen bestimmt die Schweinebande helfen«, sagt Herr Speckbauch. »Nein, ich meine nicht, dass sie beim Streichen helfen, aber sie können ausrechnen, wie lange es noch dauert.«

Auf dem Weg zur Bergstation der Seilbahn fällt Hein noch etwas ein.

»Ich weiß noch eine Aufgabe, die eigentlich nur hier oben funktioniert.«

»Dann raus damit!«, sagt Herr Speckbauch. »Ich muss schließlich meine kleinen grauen Zellen schließlich auch mal wieder trainieren.«

»Also, hier oben stehen ja jede Menge Latschenkiefern. Die sind alle wild gewachsen und niemand hat sie angepflanzt. Aber trotzdem kann es manchmal passieren, dass drei Kiefern so stehen, dass jeder Baum denselben Abstand zum anderen hat.«

»Das ist bestimmt möglich«, sagt Herr Speckbauch, »jedoch keine sehr interessante Beobachtung.«

»Aber ich behaupte, dass vier Kiefern auch so stehen können, dass jeder Baum zu jedem anderen denselben Abstand hat.«

»Das, mein lieber Hein, ist mit Sicherheit nicht möglich. Auch wenn du sonst ein ziemlicher Schlaukopf bist. Geometrie ist eine exakte Wissenschaft. Vier Punkte kann man niemals so anordnen, dass jeder von ihnen zu jedem anderen denselben Abstand hat.«

»Ich rede ja auch nicht von Punkten, sondern von Kiefern.«

»Nicht frech werden, Hein. Nein, das geht auch mit Kiefern nicht!«

»Wetten, dass doch?«

Auflösung auf Seite 122, aber bitte erst selber nachdenken!

Herr Speckbauch ist der Letzte an der Seilbahn und fährt zusammen mit dem Sohn von Herrn Eberwein ins Tal.

»Was ist denn das da unten für ein winziges Dorf?«, fragt er den kleinen Eberwein.

»Das ist kein Dorf, das ist der Bauernhof der Familie Schwartenbeck.«

»Seltsam, dass um die drei Häuser eine Mauer mit drei Toren darin gebaut ist.«

»Tja«, sagt der Sohn, »das sind auch seltsame Bauern. Der alte Schwartenbeck wohnt im größten Haus, und weil er sich mit seinen beiden Söhnen nicht verträgt, haben sie sich links und rechts davon jeder ein eigenes Haus gebaut. Die Mauer gab es schon immer. Allerdings hatte sie nur ein einziges Tor, das in der Mitte. Nun will der alte Schwartenbeck aber einen eigenen Weg, den keiner seiner beiden Söhne benutzen darf – und dieser Weg muss genau durch das mittlere Tor führen.«

»Na und?«, sagt Herr Speckbauch. »Dann sind die beiden kleinen Tore eben für die beiden Söhne.«

»Ganz so leicht ist es auch wieder nicht. Das linke Tor muss nämlich mit dem rechten Haus verbunden werden, und das rechte Tor mit dem linken Haus. Und weil die Familie Schwartenbeck es immer noch nicht ausgetüftelt hat, wie das gehen soll, ohne dass sich zwei Wege überschneiden, gibt es jetzt noch gar keinen Weg.«

»Da würde mir schon was einfallen«, sagt der Lehrer.

Auflösung auf Seite 123, aber bitte erst selber nachdenken!

Am Bus treffen sich alle wieder. Rosi und Rosa bedanken sich bei ihrem Lehrer. »Das war wirklich ein wunderschöner Wandertag. Naja, gewandert sind wir ja nicht so viel ...«

»... aber wir haben viel gelernt. Wir wissen jetzt sogar, was Miffenpferze und Schiefertip sind.«

»Na prima, da werden sich eure Eltern aber freuen. Dann steigt mal ein.«

Zuletzt stehen nur noch Hein und Herr Speckbauch vor dem Bus, der unter einer großen Linde geparkt ist. »Na, Hein, noch eine letzte Aufgabe?«, fragt Herr Speckbauch.

»Aber klar.«

»Also, in dieser Linde sitzen ja schon ein paar Vögel, und hier in der Hecke auch ein paar. Wenn nun einer aus der Hecke in den Baum fliegt, dann sind die restlichen unten ein Drittel der Vögel oben. Und wenn einer herunterfliegt, sind oben und unten gleich viel.«

Auflösung auf Seite 123, aber bitte erst selber nachdenken!

Hein grübelt. Sein Hirn ist schon etwas erschöpft. »Dann stelle ich Ihnen inzwischen auch eine Aufgabe. Ich wette, dass ich

H
nf.

ganz genau sagen kann, wie viele Lindenblätter auf diesem Baum gewachsen sind.«

»So ein Unsinn. Das kann niemand.«

»Ich aber schon. Es sei denn, Sie könnten mir beweisen, dass ich es nicht kann.«

Die beiden bleiben nachdenklich unter dem Baum stehen und merken gar nicht, wie der Bus davonfährt. So wird es wenigstens für die beiden doch noch ein echter Wandertag.

Antworten

Auflösung von Seite 13: Es ist ein Loch, und vor allem Busfahrer können Löcher nicht leiden, besonders wenn sie eines in einem ihrer Reifen finden.

Auflösung von Seite 15: Wäre der Taxifahrer tatsächlich taub gewesen, hätte er auch nicht verstehen können, wohin Frau Doktor Rüssel fahren wollte. Also kann die Geschichte so nicht stimmen.

Auflösung von Seite 17: Man glaubt, für eine Lösung hätte man zu wenige Anhaltspunkte, aber mit etwas einfacher Mathematik kann man das Rätsel lösen. Wenn wir uns den gesamten Weg vom Depot bis zur Endstation vorstellen, dann ist das 24 Kilometer plus x, wobei das x für die unbekannte Strecke steht, die der Mann mit den Fahrgästen zu Fuß gegangen ist. Dann wurde ihm sein Bus gebracht, und er fuhr die gesamte Strecke wieder zurück. Man kann also für die Hin- und Rückfahrt schreiben: (24km + x) mal 2. Von dieser Strecke ging der Mann x und fuhr 48 plus x; er fuhr also 48 Kilometer mehr, als er ging.

Auflösung von Seite 19: Sogar Herr Speckbauch hat sich gewundert: Professor Halsgrat muss tatsächlich nur zwei Träger einstellen. Das hat er sich gut ausgerechnet, weil er nämlich auch ziemlich geizig ist. Nach dem ersten Tag schickt er einen Träger heim und gibt ihm eine Ration mit, damit er unterwegs nicht verhungert. Am Morgen des zweiten Tages haben die beiden, er und sein Träger, also zusammen noch acht Rationen, wovon sie zwei im Lauf des Tages aufbrauchen. Am Abend schickt der Professor auch diesen Träger heim, diesmal mit zwei Tagesrationen, und als er am dritten Tag aufwacht, hat er noch vier Rationen übrig; eine für jeden Tag bis zum sechsten.

Auflösung von Seite 21: Wenn die beiden von Saulgrub nach Speckstein gehen, weiß man natürlich nicht, ob der eine oder andere aus Speckstein kommt, aber wenn man die

Anzahl der Besteigungen des Ebersteins vergleicht, dann schon. Wenn einer in Speckstein wohnt und nach Saulgrub geht, kommt er ja einmal wieder zurück. Wenn er also wieder in seinem Heimatdorf ist, hat er den Eberstein entweder zweimal, viermal, achtmal oder sechzehnmal überstiegen, aber immer eine gerade Anzahl. Die beiden gehen nach Speckstein, sind aber noch vor dem Gipfel – also muss der mit der ungeraden Zahl aus Speckstein kommen. Und der Bauer, der schon 22-mal über den Eberstein gestiegen ist, wohnt in Saulgrub.

Auflösung von Seite 23: Oh, da hat sich Herr Speckbauch aber schwer verschätzt. Wahrscheinlich ist der Eberstein auch viel schwerer als eine Million Tonnen, obwohl das schon ziemlich schwer zu sein scheint – aber am Ende kommt ein ganz bescheidenes Gewicht heraus, ganze 1.000 Gramm nämlich, ein Kilo. Und das geht so. Der Berg schrumpft nicht nur in der Höhe um den Faktor 1.000, sondern auch in den anderen zwei Dimensionen, also Breite und Tiefe. Und dann werden aus einer Million Tonnen zuerst

(Höhe) eine Million Kilo, dann (Breite) eine Million Gramm und schließlich (Tiefe) tausend Gramm. Das ist ein Kilo, und das kann auch ein kleines Schweinchen locker heben.

Auflösung von Seite 25: Für die ganze Schweinefamilie reichte der Kartoffelvorrat vier Tage. Wieso? An einem Tag isst der Mann 1/9 des Vorrats, die Frau 1/12 und das Kind 1/18, das sind zusammen 9/36 oder 1/4. An einem Tag wird also ein Viertel des Gesamtvorrats gegessen. Dann reichen die Kartoffeln auch nur für vier Tage. Aber keine Sorge, am fünften Tag fuhr die Seilbahn wieder.

Auflösung von Seite 27: Natürlich fuhr der Seilbahnführer zuerst mit dem Mädchen hinauf. Dann fuhr er wieder hinunter und holte den Hund. Den lud er oben aus, lud das Mädchen wieder ein und brachte es nach unten, dort musste es aussteigen, er lud die Torte ein und brachte sie hinauf. Dann noch ein letztes Mal hinuntergefahren und das Mädchen geholt – und schon waren alle zusammen am Gipfel. Der Mann hinterm Schalter hatte es nicht rausbekommen.

Auflösung von Seite 29: Bolle hat natürlich recht. Wenn man nämlich von 123 Blumen drei pflückt und eine davon sicher eine blaue ist, muss es insgesamt 121 blaue Blumen geben, und jeweils eine weiße und eine blau-weiße.

Auflösung von Seite 31: Der Einbrecher war da, wo Einbrecher hingehören – im Gefängnis. Er kam ganz leicht rein, weil ihn die Polizei eingeliefert hat, und er kam ganz leicht wieder heraus, weil er an diesem Tag entlassen wurde. Hätte er aber einen Tag früher versucht, das Gefängnis zu verlassen, hätte man ihn bestimmt aufgehalten.

Auflösung von Seite 33: Eigentlich ganz einfach: Der eine ist ein halbes Jahr alt, der andere zehneinhalb.

Auflösung von Seite 35: Da kann man rechnen, so lange man will: Wenn sich die beiden Maschinen begegnen, sind sie beide natürlich gleich weit von Rüsselsheim entfernt. Und natürlich auch von Schweinfurt.
Armer Toby.

Auflösung von Seite 37: Sehr hinterlistig, Herr Speckbauch! 2.401 Käsescheiben sind es tatsächlich, aber gefragt war ja nach allen Teilen, die an der Geschichte beteiligt waren. Und das sind ein paar mehr. Also: Es sind sieben Häuser mit je sieben Schweinen (macht 49 Schweine), und jedes Schwein isst sieben Brote (sind 343 Brote) und wie gesagt 2.401 Käsescheiben. Als Addition ergibt das:

7	Häuser
49	Schweine
343	Brote
2.401	Käsescheiben
2.800	Teile

Auflösung von Seite 40: Was keiner der drei Mitglieder der Schweinebande bestellt hat, ist Leberkäse mit Ei. Denn die einzige Möglichkeit, vier Essen, drei Getränke und drei Nachspeisen so zu verteilen, dass 25,15 € dabei rauskommt, ist: 1x Putenwiener, 1x Arme Ritter, 2x Käsebrötchen, 1x Limo, 2x Eberweinschorle, 1x kleines Eis und 2x großes Eis.

Auflösung von Seite 43: Es waren tatsächlich nur drei Schweinchen, die spazieren gingen: Großmutter Eberwein, Mutter Eberwein und ihre Tochter – aber es stimmt ebenfalls, dass es zwei Mütter (Großmutter und Mutter) und zwei Töchter (Mutter und Tochter) waren.

Auflösung von Seite 45: Als die beiden wieder heraufkamen, schauten sie sich an. Das Schwein mit dem sauberen Gesicht erblickte ein schmutziges und dachte, wahrscheinlich sehe ich genauso aus. Also wusch es sich. Das mit dem dreckigen Gesicht sah ein sauberes und dachte auch, es würde genauso aussehen. Also wusch es sich nicht.

Auflösung von Seite 47: Das klingt komplizierter, als es ist. Nachdem nur eine einzige Antwort stimmen kann, kann auch nur ein einziges Schwein die Wahrheit sagen. Denn jedes Schwein sagt ja etwas anderes. Also gibt es 99 Lügner. Und welches Schwein sagt nun die Wahrheit? Das 99ste natürlich, denn es sagt: »Es gibt 99 Lügner«.

Auflösung von Seite 50: Das ist ein hübsches Gedankenexperiment. So wie Herr Speckbauch das erzählt hat, klingt es ganz logisch. Tatsächlich lässt sich nicht feststellen, wo die Grenze zwischen einem Haufen und einem Nichthaufen liegt, jedenfalls wenn wir die umgangssprachliche Bedeutung von Haufen verwenden. Aber in der Mathematik arbeitet man nicht mit solch ungenauen Begriffen. In der Mathematik gibt es Kreise, Strecken und Winkel – aber keine Haufen. Gäbe es Haufen, würden sie genau bezeichnet werden, etwa so: Ein Haufen ist eine Ansammlung von mindestens drei gleichen Einzelteilen. Dann ist es auch klar, wann ein Haufen ein Haufen ist, wenn er nämlich drei oder mehr Einzelteile umfasst. Und bewiesen wäre außerdem, dass es Haufen gibt.

Auflösung von Seite 51: Natürlich ist da ein Trick dabei. Es hat niemand gesagt, dass es nur gerade Schnitte sein müssen. Auf dieser Zeichnung sieht man, wie Herr Speckbauch den Käsekuchen aufgeschnitten hat.

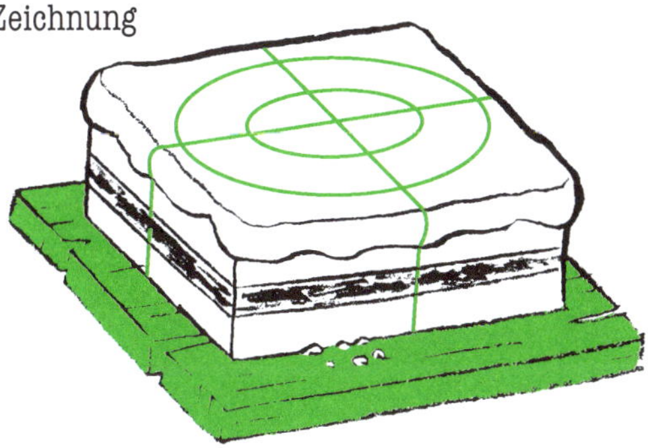

Auflösung von Seite 53: Man muss schon viel Kräuterschnaps intus haben, um sich von einer solchen Rechnung verwirren zu lassen. Es hebt sich nämlich fast alles auf: Nachdem Schweine vier Beine haben, wird aus der langen Rechnung: dreimal die Anzahl der Schüler – das ergibt 30.

Auflösung von Seite 55: So schwer ist es nicht. Wenn in der linken Waagschale eine Tüte mit Zucker und in der rechten das Pfundgewicht liegt und die Waage im Gleichgewicht ist, muss man nur das Pfundgewicht mit einer Tüte ersetzen und langsam so viel Zucker hineinschütten, bis die Waage wieder im Gleichgewicht ist. So hat man ein Pfund abgewogen.

Auflösung von Seite 57: Erstaunlicherweise hat sich der Bücherwurm nur durch zwei Zentimeter gefressen, nämlich nur durch die beiden Buchdeckel zwischen dem ersten und dem zweiten Band. Der erste Band steht links neben dem zweiten, und die erste Seite des ersten Bandes ist nur durch die beiden Buchdeckel von der letzten Seite des zweiten Bandes getrennt. Glaubst du nicht? Nachprüfen. Am besten mit einem mehrbändigen Lexikon.

Auflösung von Seite 58: 4 Liter kriegt man so hin: 5-Liter-Kanister füllen und in den 3-Liter-Kanister füllen. Bleiben im 5-Liter-Kanister noch 2 Liter übrig. 3-Liter-Kanister aus-leeren und die 2 Liter aus dem 5-Liter-Kanister einfüllen. Dann 5-Liter-Kanister wieder ganz füllen und so viel in den 3-Liter-Kanister gießen, bis der voll ist. Im 5-Liter-Kanister bleiben 4 Liter übrig – ganz genau!

Auflösung von Seite 60: Oh, wie gemein! Man kann dieses wunderschöne Bild lange und genau betrachten, aber einen wirklichen Fehler wird man nicht finden. Der steckt ganz woanders. Die beiden Seitenzahlen am unteren Ende der Seiten sind nämlich vertauscht.

Auflösung von Seite 63: Man dreht beide Sanduhren gleichzeitig um. Wenn die 3-Minuten-Sanduhr abgelaufen ist (in der 4-Minuten-Sanduhr ist noch eine Minute übrig), stellt man den Topf aufs Feuer. Wenn die 4-Minuten-Sanduhr ganz abgelaufen ist, dreht man sie um und wartet, bis sie zum zweiten Mal abgelaufen ist. Das sind genau fünf Minuten.

Auflösung von Seite 65: Wenn man die sechs Gläser von links nach rechts mit 1 bis 6 durchnummeriert und die ersten drei mit Saft gefüllt sind, nimmt man einfach Glas 2 und schüttet seinen Inhalt in Glas 5, stellt das Glas zurück und hat es tatsächlich mit einem Zug geschafft.

Auflösung von Seite 66: Auf der alten Speisekarte findet man eine Nussschnecke, Spiegelei, Bienenstich, Tintenfisch, Eisbein, Baumkuchen und Maultaschen. Natürlich kann man sich noch jede Menge eigene Ma(h)lspeisen einfallen lassen.

Auflösung von Seite 69: Wenn der eine der Vater des Sohnes ist, muss der andere Gast die Mutter sein – es ist also ein Ehepaar.

Auflösung von Seite 71: Es sind 35: Man sitzt in der Gondel 1, und wenn man losfährt, sind schon 18 Gondeln auf dem Weg ins Tal – die man während der Fahrt nach oben trifft, und noch dazu 17 andere. Die Gondel hinter einem (16) trifft man beim Start, und die Gondel vor einem (2) trifft man bei der Ankunft. Seiner eigenen kann man nicht begegnen.

Auflösung von Seite 73: Er hat ihm den Euro einfach in abgezähltem Kleingeld gegeben.

Seite 75: Zuerst fährt der Schneepflug in die Bucht, und Gustav und Traudel stoßen mit ihrem Auto um zwei Plätze zurück, dann fahren die beiden Autos, die bergauf gekommen sind, an der Bucht vorbei, und der Schneepflug fährt die freie Straße hinunter. Dann fahren die beiden Autos wieder auf ihre alten Plätze zurück, Gustav und Traudel fahren in die Bucht, die Autos fahren zur Hütte hinauf, und Gustav und Traudl haben freie Fahrt ins Tal.

Auflösung von Seite 77: Das Geheimnis liegt darin, an welcher Stelle der Zeigestock die kleinen Quadrate berührt. Wenn man sich nämlich jedes kleine Quadrat so unterteilt vorstellt wie das große – also in neun Teile –, dann tippt man auf die Stelle im kleinen Feld, die dem großen Feld entspricht. In unserem Fall also immer ganz links oben. Mit diesem Trick kann man sehr gut einen Hellseher spielen.

Auflösung von Seite 79: So muss man die Zahlen verteilen. Ob es auch noch eine andere Möglichkeit gibt?

Auflösungen von Seite 81: Es ist das »M«, das einmal in jeder Minute, zweimal in jedem Moment, aber nie in tausend Jahren vorkommt.

Hierzulande ist der Oktober der längste Monat des Jahres. Er hat 31 Tage plus eine Stunde, weil man während dieses Monats die Sommer- in die Winterzeit umstellt. Und darauf ist Hein nicht gekommen: Die Musiker spielten Fußball. Hat ja niemand gesagt, dass sie ihre Instrumente spielen.

Auflösungen von Seite 83: Du hast es wahrscheinlich ebenso schnell gemerkt wie die Schweinebande: Durch Buchstabenumstellung wird aus Salbei Labise. Vamel ist Malve, Almelki ist Kamille, Echflen ist Fenchel, Miffenpferze ist Pfefferminze, Schwaetzer ist Schwarztee (mit Ontrize, pardon Zitrone), Schiefertip ist Pfirsichtee und Lodenhur ist Holunder.

Auflösung von Seite 85: Zuerst zieht man mal die 60 Kilo, die Frau Eberwein schwerer ist als ihre Kinder, von den 88 Kilo ab. Es bleiben 28 Kilo übrig: Das ist das Gewicht der

Zwillinge, das Gewicht des Rucksacks (1/3 der Kinder), und das Restgewicht der Wirtin. Das ist dasselbe wie das ihrer Kinder, also haben wir 3 Teile Restgewicht, 3 Teile Zwillinge und 1 Teil Rucksack – sind zusammen 7 gleiche Teile. Nun teilen wir 28 durch 7 = 4. Also wiegt die Wirtin 72 Kilo, die beiden Zwillinge 12 Kilo (jedes Kind 6) und der Rucksack 4 Kilo.

Auflösung von Seite 87: Gustav ist zu Herrn Oberbichler gegangen. Obwohl der so ein schrecklich schmutziges Geschäft hatte, hat er wohl seinem Kollegen die Haare geschnitten.

Auflösung von Seite 89: Man legt die Streichhölzer so hin wie auf der Zeichnung.

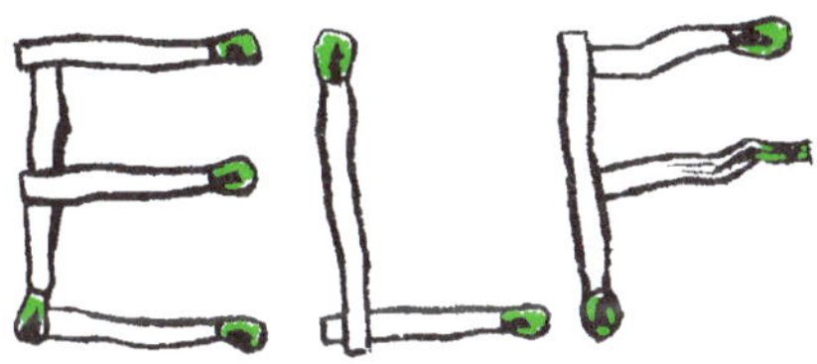

Auflösung von Seite 91: Die Tische sind tatsächlich alle gleich. Wenn du auf Pauspapier eine Tischplatte durchzeichnest, kannst du sie über die anderen drei legen – und wirst sehen, dass sie überall passt.

Auflösung von Seite 93: So schneidet man die Tischdecke auseinander und näht die zwei Teile ohne den Streifen mit den Brandlöchern wieder zusammen.

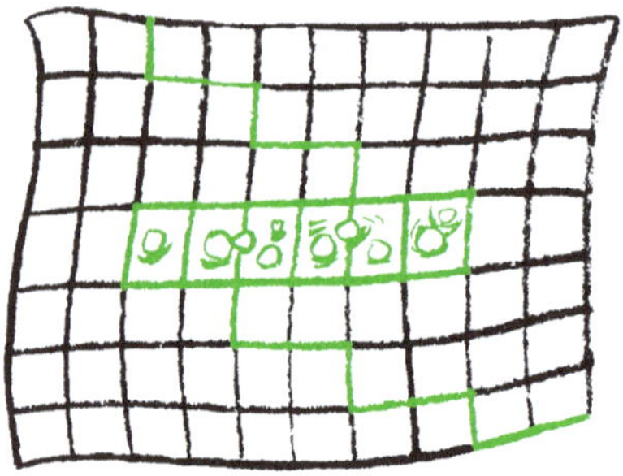

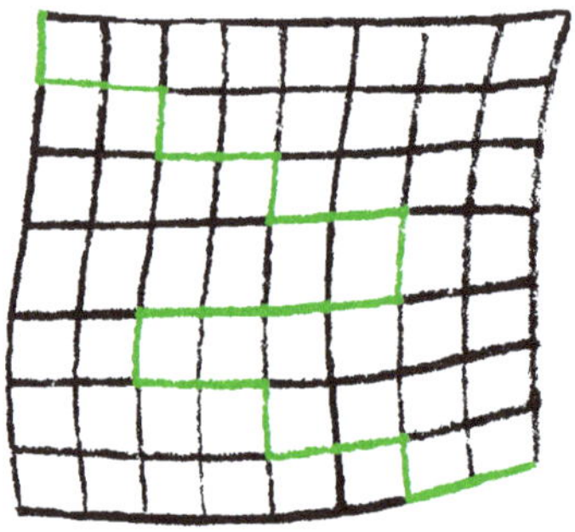

Auflösung von Seite 95:

Heute ist Freitag.

Auflösung von Seite 97: Als Herr Speckbauch den Kaffee probierte, schmeckte er, dass er schon gezuckert war.

Auflösung von Seite 99: Die zwei Schweine brauchen sechs Tage, bis sie fertig sind. Nach den ersten zwei Tagen waren ja 2/5 der Fassade schon gestrichen, für den Rest hätten vier Schweine drei Tage gebraucht – zwei brauchen dafür die doppelte Zeit.

Auflösung von Seite 101: Doch, es geht. Hein hat seinem Lehrer sogar einen Tipp gegeben. Es geht besonders gut in den Bergen. Dann nämlich, wenn auf einem Hügel eine Kiefer steht und im selben Abstand davon am Fuß des Hügels drei andere, sodass alle zusammen eine Pyramide aus gleichseitigen Dreiecken bilden.

Auflösung von Seite 103: Das ist die Lösung von Herrn Speckbauch.

Seite 104: Auf dem Baum sitzen fünf Vögel und auf der Hecke drei.

Die zweite Frage ist schwerer zu beantworten. Um Hein eine Lüge nachzuweisen, müsste man alle Blätter abzählen. Aber es geht einfacher. Man bittet Hein, mit der Zahl noch zu warten, reißt heimlich zehn Blätter ab und fragt dann nach der Summe. Nachdem Hein nicht weiß, wie viele Blätter fehlen, kann die Zahl nicht richtig sein.

Inhalt

Robert Griesbeck hat sich nun schon die zweite Schweinegeschichte ausgedacht. Danach war er sehr müde und musste sich unbedingt ausruhen. Wenn Nils nicht so schöne Bilder malen würde, hätte er schon längst aufgehört, sich für andere Leute den Kopf zu zerbrechen.

Nils Fliegner hat ein Jahr lang keine Schweine mehr gemalt und war darüber recht betrübt. Zur Aufmunterung dachte sich sein Freund Robert dann viele tolle neue Rätsel aus, damit der kleine Nils das Bildermalen nicht verlernt! Gut, wenn man Freunde hat, egal ob Mensch oder Schwein.

Robert Griesbeck

TrickPHYSIK

Schräge Experimente und schweineschlaue Tricks

Illustriert von Nils Fliegner

In dubio pro porco
1
2
2+
2-
1
1-
1+
2+
2

Auch Schweine haben Ferien. Das wissen die meisten Menschen nicht. Aber natürlich gehen Schweine zur Schule, wie sollten sonst aus all den kleinen Ferkeln später große Schweine werden, die als Lehrer, Piloten oder Fernsehansager arbeiten? Na, eben!

Hein Schwein ist ein solches Ferkel, allerdings ein besonders schlaues. Er hat zwei kleine Schwestern, die Zwillinge Rosa und Rosi. Er findet es ziemlich uncool, dass sie mit ihm in einer Klasse sitzen (denn die Schweineschule hat nur eine Klasse), und die Mädchen finden, dass ihr großer Bruder ein ziemlicher Besserwisser ist.

Zusammen mit seinen Freunden James und Bolle hat Hein die »Schweinebande« gegründet, gefürchtet in der Schule (vor allem von ihrem Mathelehrer Herrn Speckbauch, dessen Unterricht die drei ständig mit Rätseln und Scherzaufgaben stören), und zu Hause, wo sie den Eltern mit ihren frechen Sprüchen auf die Nerven gehen. Aber wenigstens können die sich über die guten Zeugnisse ihrer Sprösslinge freuen.

»Also kann man auch nichts dagegen sagen, wenn die Jungs in den Ferien alleine zelten gehen wollen«, sagt Heins Vater. »Immer noch besser, als den ganzen Tag vor der Glotze rumzuhängen und ständig Chips zu futtern.«

»Aber Rosa und Rosi wollen unbedingt auch mit«, sagt seine Frau. »Und das ist mir zu gefährlich. Die beiden sind noch zu klein.«

Heins Vater schnauft. »Ich gehe jedenfalls nicht mit. Rucksäcke schleppen und in Zelten übernachten, das ist nichts für ein ausgewachsenes Schwein!«

»Wir könnten Onkel Griebenschmalz fragen. Seit seiner Pensionierung kommt er kaum noch unter junge Leute. Und das fehlt ihm doch so.«

Onkel Griebenschmalz war Physiklehrer an der Schweineschule und ist seinen Schülern damals ebenso auf die Nerven gegangen wie die Schweinebande ihrem Mathelehrer heute.

Heins Vater überlegt und findet, dass die Idee etwas von ausgleichender Gerechtigkeit hat.

»Also gut. Wenn Onkel Griebenschmalz mitgeht, bin ich einverstanden.«

»Och nö!«, grunzt Hein entsetzt, als er davon erfährt. »Nicht Onkel Griebenschmalz. Dann bleiben die Mädchen eben zu Hause.«

»Nichts da. Wenn Rosi und Rosa hierbleiben, könnt ihr euren Abenteuerurlaub auch vergessen.«

»Aber Onkel Griebenschmalz geht einem mit seiner ständigen Besserwisserei so was von auf die Nerven!«

»Das musst ausgerechnet du sagen!«, kreischen Rosa und Rosi im Duett.

Heins Vater grinst, und nach einer kurzen Beratung stimmt die Schweinebande zu, mit Rosa, Rosi und Onkel

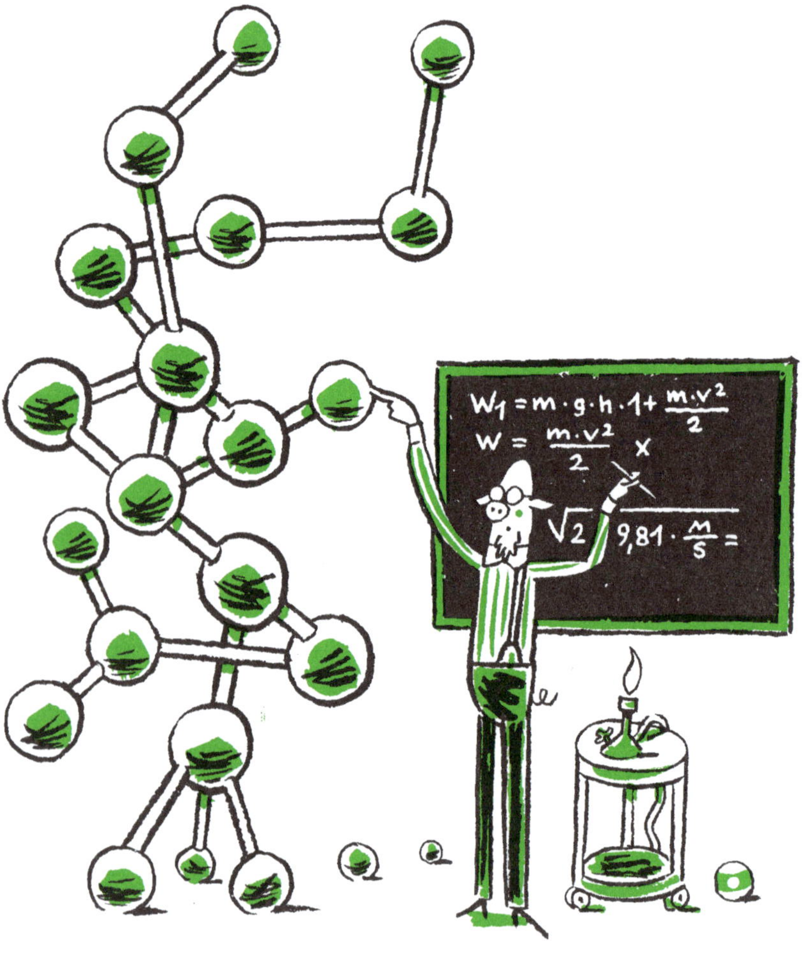

Griebenschmalz an den Specksee zu wandern und dort eine Woche lang zu zelten.

Herrlich!, denkt Heins Vater. Endlich mal Ruhe im Haus.

Schrecklich!, denkt Heins Mutter (die natürlich auch die Mutter von Rosa und Rosi ist). Wahrscheinlich zerreißen sie die Hälfte der Kleider und den Rest verlieren sie.

Wunderbar, denkt Onkel Griebenschmalz. Da kann ich gleich fünf wissbegierige Jungschweine in die Geheimnisse der Physik einweihen!

Schöner Mist!, denkt Hein. Aber wir werden Onkel Griebenschmalz schon ein paar Überraschungen bereiten. Der wird sich noch wundern ...

Der Ausflug ist beschlossene Sache. Doch schon kündigt sich der erste Streit ein. Es geht ums Gepäck.

»Onkel Griebenschmalz ist viel zu alt, um noch schwer zu tragen«, sagt Heins Vater. »Ich finde, es reicht völlig, wenn er die Verantwortung trägt.«

»Toller Witz«, mault Hein. »Und Rosa und Rosi sind zu klein, um schwer zu tragen, also bleibt alles an uns hängen: drei Zelte und der ganze Campingkram und das Essen und die Klamotten und ...«

»Die Mädchen tragen die Anziehsachen und das Essen, ihr Jungs jeder ein Zelt – und Onkel Griebenschmalz trägt einen Rucksack, in den jeder etwas einpacken kann. So eine Art Gemeinschaftsrucksack. Aber seht zu, dass er nicht zu schwer wird, schließlich ist der Onkel ...«

»... nicht mehr der Jüngste! Ich weiß schon«, stöhnt Hein. Wenn er wüsste, dass es um diesen Gemeinschaftsrucksack noch einiges an Aufregung geben wird ... Doch davon später.

Am Freitagmorgen treffen sich alle bei Onkel Griebenschmalz. Der Gemeinschaftsrucksack ist doch etwas schwerer geworden als gedacht, und als ihn der alte Physiklehrer anhebt, stöhnt er auf. »Habt ihr etwa alle eure Schulbücher eingepackt?«

»Nein. Kein einziges. Nur wirklich wichtige Dinge«, sagt Rosa. »Unsere Handys, Sonnencreme, Gummistiefel ...«

»... Federballschläger, Sonnenschirme und Besteck ...«, sagt Rosi.

»... Werkzeug, Taschenlampen, Messer, Ersatzbatterien ...«, sagt Hein.

»... Grillkohle, Kompass, Angelzeug ...«, sagt Bolle.

»... meine Ziehharmonika, einen CD-Player und ein paar Brettspiele ...«, sagt James.

»Da könnt ihr gleich die Hälfte wieder auspacken«, knurrt Onkel Griebenschmalz. »Grillkohle brauchen wir nicht, es gibt genügend Holz im Wald. Handys bleiben hier, schließlich soll es ein Abenteuerurlaub werden. Den Kompass brauchen wir auch nicht, wir gehen doch nur zum Specksee. Und die Angeln sind viel zu sperrig. Dann weg mit dem CD-

Player und der Ziehharmonika. Wir können am Lagerfeuer schließlich Lieder singen.«

Die Schweine sehen sich an und seufzen.

Eigentlich ist es keine lange Wanderung bis zum Specksee. Ohne Gepäck ist man in drei Stunden da. Aber mit all den Rucksäcken und Zelten schwitzen und stöhnen die Schweine gehörig, und am allerlautesten

stöhnt Onkel Griebenschmalz. Nach fünf Stunden haben sie erst den Fluss erreicht.

Aber es sieht so aus, als sollte ihre Wanderung schon hier zu Ende sein. Die alte Holzbrücke ist nämlich kaputt. Wahrscheinlich hat sie der letzte Wintersturm demoliert. Nur noch ein Tragebalken ist heil geblieben. Der zweite Balken ist anscheinend mitsamt den Bodenbrettern in den Fluss gestürzt und weggeschwemmt worden.

»Wir können ja einfach versuchen, auf die andere Seite zu balancieren«, schlägt James vor.

»Unmöglich«, sagt Onkel Griebenschmalz. »Das schaffe ich in meinem Alter niemals. Und mit den schweren Rucksäcken und Zelten auch keiner von euch. Also, hier ist Schluss. Wir kehren um.«

»Ach, nöööö!«, quengeln die Zwillinge.

»Moment«, sagt Hein. »Ich werde mal ohne Gepäck hinüberbalancieren und dabei ausmessen, wie lang der Balken überhaupt ist.«

»Wieso denn das?«

»Damit wir wissen, wie lang der zweite sein muss. Schließlich stehen hier jede Menge Bäume herum. Und wir haben eine Axt dabei.«

»Aha! Deshalb ist mein Rucksack so schwer!«

Hein grinst und geht vorsichtig über den Balken. Dabei zählt er seine Schritte. Als er wieder zurück ist, sagt er: »Acht Schritte. Und jeder Schritt ist bei mir einen halben Meter lang, das weiß ich genau. Wir brauchen also einen Baum, der über vier Meter lang ist. Nur gut, dass neben der alten

Brücke ein paar Bäume stehen. Fragt sich nur, welchen wir nehmen.«

»Wie kann man denn von unten sehen, wie hoch ein Baum ist?«, fragt Rosi. »Weißt du das, Onkel Griebenschmalz?«

»Ah ... also das fällt nicht gerade in mein Fachgebiet«, sagt der Onkel und kratzt sich am Kopf. »Das ist doch eher etwas für einen Forstwirtschaftler ...«

»Ach, ich glaube, das kriegen wir auch so raus«, sagt Hein und klappt sein Taschenmesser auf. »Hier stehen ein paar gerade gewachsene Weidenruten, ich habe etwas Angelschnur in der Tasche und die Sonne steht günstig.«

»Günstig wofür?«, fragt Onkel Griebenschmalz.

»Zum Ausmessen, welchen der Bäume wir fällen werden«, sagt Hein.

Was hat Hein vor? Wie kann man mit einer Weidenrute und etwas Angelschnur ausmessen, ob ein Baum kürzer oder länger ist als vier Meter? Und wie kann die Sonne dabei hilfreich sein? Auf den Baum klettern kann übrigens keines der Schweine. Na, hast du schon eine Idee? Auflösung auf Seite 92.

Nach einer Stunde ist die Behelfsbrücke endlich fertig und die Schweine haben das Gepäck auf die andere Seite des Flusses geschleppt.

»Schöne Plackerei!«, stöhnt Onkel Griebenschmalz und wischt sich den Schweiß von der Stirn. »Aber jetzt schnell die Zelte aufgebaut und ab in die Heia!«

»Aber wir wollten doch am See zelten«, beschweren sich die Zwillinge.

»Dafür ist es jetzt schon zu spät«, sagt Onkel Griebenschmalz. »Die Sonne geht gleich unter und man kann den See noch nicht mal sehen. Und so genau kenne ich den Weg auch nicht.«

»Aber wir wissen immerhin, dass der See von der Brücke aus genau im Norden liegt«, sagt Bolle.

»Das hilft uns aber nichts, weil unser lieber Onkel Griebenschmalz den Kompass aus dem Gemeinschaftsrucksack herausgenommen hat. Er war ihm nämlich zu schwer.«

Onkel Griebenschmalz bekommt einen roten Kopf.

»Aber wir haben doch noch genügend Zeug, um daraus einen Notkompass zu basteln«, sagt Hein.

»Zeug! Notkompass! Basteln! Ihr seid vielleicht naiv. Einen Kompass kauft man, den bastelt man nicht mal eben so.«

»Wart's nur ab, lieber Onkel, unser schlaues Brüderlein hat sogar schon mal aus Kleiderbügeln eine Satellitenantenne gebastelt.«

»Ja, und aus meinen Lieblingshaargummis eine Steinschleuder!«, sagt Rosi, aber das klingt nicht so sehr nach Lob.

Hein öffnet den Gemeinschaftsrucksack.

»Mal sehen, was könnten wir denn gebrauchen? Hm ... Nähnadeln ... eine Kombizange ... einen Korken ... ein altes Uhrglas ... Einmachgummis ... ein Magnet ... Klebstoff ... ein Fahrradventil ... Also mit drei von den Sachen kriegen wir schon raus, wo Norden ist.«

Onkel Griebenschmalz schüttelt den Kopf. »Blödsinn. Wir bleiben hier und morgen früh fragen wir einfach jemanden nach dem Weg.«

Die beiden Mädchen kichern und Rosi flüstert: »Wir brauchen keine drei, keine zwei und nicht mal eins von diesen Dingen. Wir brauchen gar keines – und wissen trotzdem, wo es langgeht!« Aber die Jungs von der Schweinebande hören gar nicht zu. Sie sind ganz darin vertieft, einen Notkompass zusammenzubasteln.

Und? Was meinst du? Geht das wirklich? Und wenn ja, welche drei Sachen braucht man: Nähnadeln, eine Kombizange, einen Korken, ein altes Uhrglas, Einmachgummis, einen Magneten, Klebstoff, ein Fahrradventil …?
Und vor allem: Wie wollen Rosa und Rosi den See ohne Kompass finden? Auflösung auf Seite 93.

Es ist noch hell, als die Schweinekarawane das Seeufer erreicht. Onkel Griebenschmalz war ziemlich überrascht, dass die Jungs tatsächlich einen Kompass gebaut haben, aber noch mehr haben ihn Rosa und Rosi beeindruckt.

»Die einfachste Lösung ist eben immer die beste«, hat er gesagt, und die beiden Mädchen waren pottstolz über dieses Lob.

»Aber unser Kompass funktioniert auch ohne Sonne!«, musste Hein noch nachlegen.

»Da haben wir den wahren Besserwisser«, hat Rosa ihrer Schwester zugeflüstert. »Und noch dazu ist er ein lausiger Verlierer.«

Jetzt müssen die drei Zelte aufgebaut werden – eines für Onkel Griebenschmalz, eines für die Mädchen und das dritte für die Schweinebande.

»Wie sollen wir dein Zelt aufbauen?«, fragt Hein den Onkel. »Mit dem Eingang zum See oder zum Wald?«

Onkel Griebenschmalz denkt angestrengt nach. »Ich glaube, am besten stellt man ein Zelt so auf, dass die Abendsonne in den Eingang scheint. Dann wacht man am Morgen nicht so früh auf und kriegt keine Sonne ins Gesicht.«

»Wir wollen es andersherum«, sagen die Mädchen. »Wir möchten von der Sonne geweckt werden und die Ersten sein, die ins Wasser springen.«

Die Jungs bauen die beiden Zelte auf, das vom Onkel nach Westen und das der Mädchen nach Osten.

»Und wie stellen wir nun unser Zelt auf?«, fragt Bolle. »Gibt es dafür eigentlich eine Regel?«

»Klar«, sagt James. »Der Eingang muss zum Feuer weisen. Dann bleibt es schön mollig in der Bude.«

»Falsch«, sagt Bolle. »Er muss nach Süden zeigen. Es heißt doch: Balkon mit Südseite ist am wärmsten.«

Hein denkt nach. Da war doch was ... irgend so eine Regel. Norden, Süden, Osten, Westen – eine Richtung ist am besten. Aber welche?

Wer hat recht? Oder ist es wirklich egal, in welche Himmelsrichtung man ein Zelt ausrichtet? Auflösung auf Seite 95.

Bevor es dunkel wird, stehen alle drei Zelte und ihre Bewohner richten sich darin ein. Onkel Griebenschmalz legt eine riesige unförmige Luftmatratze auf den Boden und lässt sie sich von Bolle aufblasen.

»Ich bin so schlecht bei Puste. Dafür kriegst du auch Nachhilfe in Physik von mir. Außerdem tut dir etwas körperliche Betätigung ganz gut, mein kleines Dickerchen.«

Das mit dem Dickerchen wäre nicht nötig gewesen, aber Bolle beißt die Zähne zusammen und bläst, was er kann.

Rosa und Rosi pumpen ihre Luftmatratzen selbst auf, hängen ihre Kleider auf eine Leine, die sie quer im Zelt aufspannen, und jagen alle Mücken und Ameisen aus dem Zelt.

James rollt die Schlafsäcke der drei Mitglieder der Schweinebande aus, und Hein sammelt Holz für das Lagerfeuer. Er stapelt es in der Mitte des kleinen Zeltlagers – zuerst dünne Zweige, dann kleine trockene Äste, darüber ein paar dickere und ganz oben ein schwerer, den er von einem umgestürzten Baum abgerissen hat.

Nun muss man das Ganze nur noch anzünden.

»Wer hat denn die Zündhölzer?«, ruft Hein.

»James hat sie!«, ruft Bolle.

»Quatsch, die Mädchen haben sie!«, ruft James.

»Nei-hein!«, rufen Rosa und Rosi im Chor. »Durften wir doch nicht. Viel zu ge-fä-här-lich! Aber Onkel Griebenschmalz hat bestimmt welche dabei.«

»Ich habe kein Feuer eingesteckt«, tönt es aus dem Zelt von Onkel Griebenschmalz. »Ich dachte, ihr seid die clevere Schweinebande und habt an alles gedacht!«

»Mist!«, sagt Hein. »Und die Sonne ist auch schon fast untergegangen. Sonst hätte man wenigstens noch mit einem Brennglas Feuer machen können. Hat denn niemand etwas dabei, aus dem wir ein paar Funken schlagen können?«

»Taschenlampen sind da«, ruft James. »Die geben zwar keine Funken, aber auch Licht.«

»Und ich hab noch eine leere Streichholzschachtel gefunden!«, ruft Bolle.

»Wunderkerzen!«, ruft Rosa. »Wir haben schließlich übermorgen Geburtstag. Da gibt es jede Menge Funken.«

»Stahlwolle!«, ruft Rosi übermütig. »Die habe ich zum Scheuern der Töpfe und Pfannen mitgenommen. Wenn Licht darauf fällt, blitzt und funkt sie auch.«

Hein stöhnt.

»So ein Unsinn!«, ruft er. »Damit kann man doch kein Feuer machen!«

»Da wäre ich mir nicht so sicher«, ruft Onkel Griebenschmalz aus seinem Zelt. »Es klingt ganz vernünftig, was ich da an Vorschlägen gehört habe.«

»Vorschläge?«, ruft Hein fassungslos.

»Ja. Zwei der Angebote sind sehr hilfreich, um damit ein Feuer zu entzünden. Aber das ist eigentlich nix für kleine Schweine.«

Und? Womit kann man wohl Feuer machen? Mit einer Taschenlampe? Einer leeren Streichholzschachtel? Stahlwolle? Wunderkerzen?
Auflösung auf Seite 96.

»Toll, dann gibt es ja doch noch ein warmes Abendessen!«, ruft Bolle und reibt sich die Pfoten. Er hat schon Angst gehabt, hungrig ins Bett gehen zu müssen.

»Aber groß gekocht wird nicht mehr«, sagt Onkel Griebenschmalz. »Dazu sind alle zu müde. Wir machen nur noch ein paar Dosen Ravioli warm.«

»Prima«, sagt Bolle und wirft eine Dose ins Feuer.

»Spinnst du! Wie willst du die denn aufkriegen?«, fragt Hein seinen Freund.

»Na, ganz einfach: aus dem Feuer holen, aufmachen und ... schmatz!«

Hein schüttelt den Kopf. »Nein. Konservendosen muss man im Wasserbad erhitzen. Das weiß doch jedes Schwein.«

Er baut aus drei kräftigen Ästen einen Dreifuß und hängt daran den Kochkessel, füllt ihn zur Hälfte mit Wasser und stellt eine Dose Ravioli hinein. »Siehst du, so geht das, du Vielfraß!«

Rosa und Rosi haben aber noch etwas zu bemängeln. »So wird die Dose vielleicht schön warm, aber ganz richtig ist das immer noch nicht, Brüderlein.«

Was nun? Wer hat recht? Und was muss man mit einer Dose Ravioli noch anstellen, wenn man sie im Wasserbad heiß macht? **Auflösung auf Seite 97.**

Nach dem Abendessen sind die Schweine hundemüde, obwohl das bei einem Schwein etwas seltsam klingt.

»Ich lege mich jetzt aufs Ohr«, sagt Onkel Griebenschmalz. »In meinem Alter steckt man solche Anstrengungen nicht mehr so locker weg wie als kleines Ferkel. Gute Nacht allerseits, und ihr macht besser auch nicht mehr zu lange!«

Die Schweine versprechen es und wünschen Onkel Griebenschmalz eine Gute Nacht.

»Gemütlich, so ein Feuer«, sagt Bolle. »Man könnte die ganze Nacht hier sitzen bleiben.«

»Aber nur wenn du einen findest, der für dich immer wieder Holz nachlegt, alter Faulpelz«, sagt Hein und gähnt. »Ich lege mich jetzt auch hin. Kommt ihr mit?«

James und Bolle stehen auf und gehen ins Zelt, nur die Mädchen bleiben noch sitzen.

»Und ihr?«, fragt Hein.

»Oooch, Brüderchen, hättest du nicht Lust, heute Nacht in unserem Zelt zu schlafen?«, fragt Rosa.

»Ja, es ist viel aufgeräumter als eure Chaotenburg. Und wir schnarchen auch nicht so wie Bolle und James«, sagt Rosi.

Hein macht große Augen.

»Wie bitte! Bei euch im Zelt ... ah, jetzt verstehe ich: Ihr habt Schiss!«

Die Mädchen schütteln energisch die Köpfe.

»Natürlich nicht«, sagt Rosa, »wir sind höchstens etwas ... besorgt.«

»Ja«, sagt Rosi. »Schließlich ist es das erste Mal, dass wir im Freien ... noch dazu so weit weg von zu Hause ...«

»... und in dieser Wildnis! Stimmt es eigentlich, dass es hier noch Wölfe gibt?«

Hein lacht. »Nein. Aber wir können ja ein Notsignal vereinbaren, damit ich euch zu Hilfe kommen kann. Oder – noch besser – wir telefonieren einfach, wenn ihr euch fürchtet.«

»Aber wir mussten doch unsere Handys zu Hause lassen«, mault Rosa. »Wie sollen wir da telefonieren?«

»Ach, das geht schon. Schließlich haben wir zum Abendessen ein paar Konservendosen aufgemacht.«

Die Schwestern sehen sich an, und Rosi tippt sich ganz leicht an die Stirn.

»Und willst du damit etwa telefonieren?«, fragt sie schnippisch.

»Klar. Einen Nagel, einen Stein und etwas Schnur brauchen wir auch noch ...«

Und? Klappt das tatsächlich? Wie kann man aus diesen Einzelteilen ein Nottelefon bauen? Auflösung auf Seite 97.

Mitten in der Nacht stößt Rosi ihrer Schwester den Ellenbogen in die Seite.

»Rosa! Wach auf!«

»Was ist denn? Hast du einen Wolf gehört? Dann ruf doch deinen Bruder an. Ich bin müde.«

»Rosa, ich kann nicht schlafen. Ich hab solchen Durst.«

»Rosi, wir haben kein Wasser mehr. Hein geht morgen früh zur Quelle. Schlaf jetzt.«

»Aber ich hab doch solchen Durst. Und wir zelten doch ganz nahe am Ufer ...«

»Ach? Das heißt also, ich soll aufstehen und dir ein Glas Wasser aus dem See holen?«

»Das wäre wirklich lieb von dir.«

»Also Rosi, das kannst du doch selbst machen.«

»Aber ich hab Angst. Außerdem bin ich viel kleiner und jünger als du.«

»Du bist gerade mal drei Minuten nach mir zur Welt gekommen«, stöhnt Rosa, aber sie kennt ihre Schwester genau. Die gibt keine Ruhe mehr, bis sie hat, was sie will. Also steht sie auf, nimmt einen Becher mit und tastet sich ans Ufer des Specksees. Mit dem vollen Becher steht sie eine Minute später wieder im Zelt. Rosi nimmt einen großen Schluck. »Bäh! Pfui Teufel!«

»Was ist denn?«

»Das Wasser ist total sandig. Das schmeckt ja grässlich!«

Rosa kriecht zurück in ihren Schlafsack und zieht sich die Decke über die Ohren.

»Ich stehe jedenfalls nicht mehr auf. Du kannst ja deinen schlauen Bruder anrufen. Vielleicht fällt dem was ein. Gute Nacht!«

Und das macht Rosi tatsächlich. Sie zieht an der Konservendose, und kurz danach ist Hein am Apparat. Und ihm fällt tatsächlich etwas ein. Rosi ist begeistert.

»Toll. Ja, einen Wollfaden hab ich ... einen zweiten Becher auch. Und das geht wirklich? Ach, du bist der Allerbeste. Gute Nacht.«

Wie soll das funktionieren? Wie bekommt man mit einem Wollfaden das Wasser wieder sauber? **Auflösung auf Seite 98.**

Der Rest der Nacht verläuft ruhig. Nur aus einem Zelt dröhnt ein lautes Geräusch, so als würde ein altersschwacher Traktor immer wieder neu gestartet. Das ist Onkel Griebenschmalz, der so laut schnarcht.

Am Morgen ist er der Erste, der wach ist.

»Kein Wunder«, sagt er. »Alte Schweine brauchen nicht so viel Schlaf wie junge. Schaut mal, da drüben auf der anderen Seite des Sees – da ist ein Kiosk, bei dem ihr einkaufen könnt.«

»Super«, sagt Rosi. »Wenn wir jetzt ein Boot hätten, könnte einer von uns hinüberfahren und frische Brötchen holen.«

»Und Eier und Limo und Milch und Joghurt und Marmelade und ...«, sagt Rosa begeistert.

Onkel Griebenschmalz lächelt. »Wer sagt denn, dass wir kein Boot haben! Schaut mal in meinem Zelt nach. Ihr müsst es nur herausholen.«

Tatsächlich, der Onkel hat nicht auf einer Luftmatratze, sondern in einem Schlauchboot geschlafen – in einem wunderschönen orangefarbenen Schlauchboot mit zwei Schlaufen, durch die man die Ruder stecken kann.

»Aber es können immer nur zwei damit fahren«, sagt der Onkel, als sich alle fünf Schweinchen ins Boot stürzen wollen, »für mehr als zwei Schweine ist es nicht zugelassen. Also, wer fährt über den See und holt Frühstück?«

Die Schweinebande lost und Hein verliert. Zur Strafe muss er zur Quelle gehen und Wasser holen.

»Nimm dir etwas mit, um die Abzweigungen zu markieren«, sagt Onkel Griebenschmalz. »Sonst verläufst du dich noch. Den Weg musst du selbst herausfinden, aber das schaffst du schon. Bist ja so ein Schlaukopf!«

Hein sammelt am Ufer fünf flache weiße Steine auf. Das dürfte reichen, denkt er sich. Damit kann ich alle Abzweigungen markieren. Fünf werden ja wohl genug sein.

Doch da irrt sich Hein. Es sind zwar fünf Abzweigungen, wenn man richtig geht – doch wenn man sich mal verläuft, sind es noch mehr Abzweigungen. Aber Hein schafft es auch mit seinen fünf Steinen, wieder zurückzufinden. Nur wie? **Auflösung auf Seite 99.**

Kaum ist Hein zurück, kommen auch schon Bolle und James mit dem Schlauchboot wieder. Aber die beiden haben Pech gehabt. Es gab keine frischen Brötchen.

»Aber wir haben Mehl, Salz und Hefe gekauft. Das braucht man doch, um Brot zu backen«, sagt Bolle. »Ist schließlich auch viel romantischer.«

»Toll«, sagt Rosa. »Und ich weiß auch, wie man den Teig macht. Gib her, der ist in null Komma nix fertig.«

»Und wie willst du das Brot backen?«, fragt Hein. »Ich sehe hier keinen Herd und keinen Backofen.«

»Ach, Brüderchen, sei doch nicht so negativ. Ich denke, du bist so ein Schlaukopf. Lass dir eben was einfallen.«

»Einfallen, einfallen ... immer ich!«, brummelt Hein und verzieht sich beleidigt in sein Zelt.

»Ich hab mal was gehört«, sagt Bolle, »nämlich dass man Brot mit einem Stock backen kann.«

»Und ich hab gehört, dass man das mit einem flachen Stein kann«, sagt James.

»Man kann sogar in einer Konservendose Brot backen«, sagt Onkel Griebenschmalz.

»Wahrscheinlich kann man sogar in einem Gummiboot Brot backen«, sagt Rosi und grinst. »Also, entscheidet euch mal, ihr Abenteuerbäcker. Wie sollen wir es jetzt machen?«

»Wir teilen einfach den Teig in drei Teile und veranstalten einen Backwettbewerb«, schlägt Onkel Griebenschmalz vor.

Und so wird es gemacht. Fragt sich nur, welches Backrezept wirklich funktioniert: Stock, Stein oder Konservendose? Was meinst du?
Auflösung auf Seite 100.

Das Frühstück ist ein Riesenerfolg. Alle kauen mit vollen Backen, und man kann sich nicht einigen, welches Brot am besten schmeckt. Bolles Steinbrot ist knuspriger, dafür kann man James Rohrbrot wunderbar mit Marmelade füllen – und das Dosenbrot von Onkel Griebenschmalz ist schön saftig.

Hein hat sich auch wieder eingekriegt.

Danach geht's ab ins Wasser. Alle springen hinein, nur Rosi mault herum.

»Ich geh nicht ins Wasser, jedenfalls nicht, solange es so schweinekalt ist!«, sagt sie.

»Aber wir sind doch Schweine«, kontert Hein. »Dann ist es doch für uns genau richtig.«

Seine kleine Schwester starrt ihn genervt an. »Du weißt genau, wie ich das meine. Schweinekalt bedeutet eben ... saukalt! Viel zu kalt jedenfalls für kleine empfindliche Schweinemädchen.«

»Aber das bildest du dir nur ein. Ich finde es angenehm warm.«

»Angeber!«, faucht Rosi. »Typisch Schweinejunge. Immer den harten Eber spielen. Dann lass uns doch messen, wie kalt es wirklich ist.«

Hein grinst. »Leider konnten wir kein Thermometer mitnehmen. Es war kein Platz mehr im Gemeinschafts-rucksack, weil wir für euch Puder, Sonnencreme, Lidschatten, Hühneraugenpflaster, Schminkspiegel, Nachtcreme und so Zeug mitnehmen mussten.«

James und Bolle grinsen auch. Bei diesem Thema sind sich wohl alle Jungs einig – ob sie nun Schweine oder Menschen sind.

Rosa mischt sich ein. »Aber du bist doch so ein Superschlaukopf, Brüderchen. Vielleicht kannst du ja ein Thermometer zusammenbasteln. Schließlich haben wir auch jede Menge Unsinn eingepackt. Sachen, die Jungs immer dabeihaben müssen: Taschenmesser, Magnete, Nägel, Draht und so'n Zeug.«

Hein denkt nach. »Stimmt. Ein einfaches Thermometer könnten wir schon bauen. Wenigstens eines, mit dem man beweisen kann, dass das Wasser im See wärmer ist als wir selbst, also wärmer als unsere Körpertemperatur. Dann friert man nämlich nicht. Dazu brauchen wir, Moment ...«, er kramt im Rucksack, »... etwas Knetmasse, eine leere Limoflasche, einen Strohhalm und ...«

»... eine Zange?«, sagt Bolle.

»... einen Füller?«, sagt James.

»... einen Haargummi?«, sagt Rosa.

»... eine Zitrone?«, sagt Rosi.

Onkel Griebenschmalz sagt nichts, denn ihm fällt nichts ein.

Tja, wie baut man nun ein ganz einfaches Thermometer, mit dem man wenigstens überprüfen kann, ob das Wasser kälter oder wärmer ist als die Körpertemperatur eines kleinen Schweinchens? Und was braucht man außer etwas Knetmasse, einer leeren Limoflasche und einem Strohhalm noch dazu? Eine Zange, einen Füller, einen Haargummi oder eine Zitrone? **Auflösung auf Seite 101.**

Jetzt hätte ich Lust auf ein Eis!«, flüstert Rosa mit geschlossenen Augen. Ihr rosiges Gesicht ist mit winzig kleinen Schweißperlen gesprenkelt.

»Aber wir haben kein Eis. Außerdem wäre es auch schon längst geschmolzen, weil wir keinen Kühlschrank haben«, sagt James spitz.

»Aber auf der anderen Seite des Specksees ist doch ein Kiosk«, sagt Rosa. »Wenn du dir zum Beispiel das Schlauchboot schnappen würdest und rüberruderst und für uns alle ...«

»Du kommst vielleicht auf Ideen!«, sagt James entrüstet. »Weißt du, wie weit das ist! Und bei der Affenhitze! Also wirklich ...«

»Ach, James ...«, flüstert Rosa und zwinkert ihm zu. »Du könntest mir doch so einen klitzekleinen Gefallen tun. Sei doch ein nettes Schweinchen und hol mir ein Eis, hmmm?«

Rosa kann wahnsinnig süß lächeln und auch mit tausend Schweißperlen im Gesicht sieht sie noch sehr verführerisch aus. Jetzt wird es James noch heißer.

»Na gut«, brummelt er und steht auf. »Und welche Geschmacksrichtung?«

»Ganz egal, James«, flötet Rosa und wirft ihm eine Kusshand zu. »Das überlasse ich ganz deinem guten Geschmack.«

Mit hochrotem Kopf rudert James davon.

Eine halbe Stunde später ist er wieder zurück, ziemlich verschwitzt. Und er hat eine Kühltasche dabei.

»Eis! Eis! Es gibt Eiiis!«, kreischt Rosa, und sofort kommen die anderen Schweine angerannt. Sogar Onkel Griebenschmalz stapft aus dem Zelt, in das er sich zu einem verlängerten Vormittagsschläfchen zurückgezogen hat. Eis? Ja, da ist er dabei.

James steigt mit hochrotem Kopf aus dem Schlauchboot und stellt die Kühltasche auf den Boden.

»Und?«, fragt Rosa. »Welcher Geschmack? Erdbeer? Nuss? Zitrone? Vanille?«

»Tja ... also ...«, stammelt James, und man merkt genau, dass er seinen roten Kopf nicht von zu viel Sonne bekommen hat. »... also, das war so ...«

»Doch nicht etwa Stracciatella oder so'n Quatsch!«, sagt Bolle, der nur Schokolade und Nuss mag.

»Nein. Es ist eher mit sehr wenig Geschmack. Eigentlich mit gar keinem.«

Hein hält es nicht mehr aus und öffnet die Kühltasche. Darin liegt ein Plastikbeutel mit lauter Eiswürfeln, so wie man sie in jedem Kühlschrank findet.

»James, das ist doch nicht dein Ernst!«

»Hihi, er hat wohl gedacht, Eis ist Eis!«, kichert Rosi.

»Ach, was!«, sagt James genervt. »Es gab eben kein Speiseeis im Kiosk. Aber die Verkäuferin meinte, wenn wir unseren Grips anstrengen und noch zwei oder drei Sachen zusätzlich verwenden, die wir heute Morgen bei ihr eingekauft haben, können wir uns selbst Eis machen.«

»So ein Quatsch!«, sagt Onkel Griebenschmalz. »Um Speiseeis zu machen, braucht man eine Eismaschine, das weiß doch jedes Spanferkel. Und außerdem war bei euren Einkäufen nichts dabei, woraus man Eis machen könnte.«

»Was habt ihr denn eingekauft?«, fragt Hein seine beiden Freunde von der Schweinebande.

»Also: Dosenerbsen, Alufolie, Salz, Pfeffer, Sahne, Zucker und Ölsardinen ...«

»Ölsardinen!«, kichert Rosa. »Klasse, wir machen Ölsardineneis.«

»Unsinn«, sagt Hein und runzelt die Stirn, »aber die Verkäuferin hat tatsächlich recht. Wenn ihr eben mal ein paar Walderdbeeren sammelt, mach ich inzwischen ein leckeres Eis.«

»Ich mag aber keine Eiswürfel mit Erdbeeren«, mault Rosa.

»Kein Sorge«, sagt Hein, »das wird ein Super-Spitzen-Eis.«

Tatsächlich? Kann man wirklich mithilfe von Eiswürfeln Speiseeis machen? Und was von James' und Bolles Einkäufen braucht man noch dazu? Dosenerbsen, Alufolie, Salz, Pfeffer, Sahne, Zucker oder Ölsardinen? **Auflösung auf Seite 102.**

Einen Eiswürfel hat Onkel Griebenschmalz für sich behalten, denn damit kühlt er seinen Nachmittagsdrink: Weißwein mit Holundersirup. Diese Mischung ist bei erwachsenen Schweinen momentan besonders beliebt.

Rosi beobachtet, wie der Eiswürfel im Glas auf der Oberfläche schwimmt – so wie ein Eisberg im Meer.

»Was passiert, wenn du den Eiswürfel vorsichtig runterdrückst, nur so viel, dass er ganz mit Wasser ...«

»Weißweinschorle!«, korrigiert Onkel Griebenschmalz.

»... also gut, dass er ganz von der Weißweinschorle bedeckt ist?«

Onkel Griebenschmalz probiert es aus und der Flüssigkeitsspiegel steigt bis zum Rand des Glases.

»Und wenn ich nun wieder loslasse, steigt der Eiswürfel wieder hoch. Eis schwimmt auf Wasser, weil es eine geringere Dichte hat.«

Rosi macht große Augen. Dieses Wort hat sie noch nie gehört.

Onkel Griebenschmalz erklärt es ihr: »Der Begriff Dichte beschreibt, wie sich die Masse zum Volumen verhält, also dass eine Kugel aus Blei dichter ist als eine gleich große aus Schaumgummi. Wasser dehnt sich aus, wenn es gefriert, das Volumen wird größer. Deshalb hat Eis eine geringere Dichte als Wasser und schwimmt auf der Oberfläche. Deshalb schwimmen auch die Eisberge im Meer. Wusstet ihr übrigens, dass nur etwa ein Siebtel von ihnen aus dem Wasser ragt?«

»Und was passiert, wenn dieser Eiswürfel in deinem Glas schmilzt?«, fragt Rosi. »Man sagt doch (ja, davon haben

auch Schweine schon gehört), dass sich das Klima auf der Erde erwärmt, die Eisberge dann schmelzen und der Meeresspiegel ansteigt. Dann müsste dieses Glas doch auch überlaufen!«

»Das können wir uns ja ansehen«, sagt Onkel Griebenschmalz. »Ein sehr interessantes Experiment übrigens. Ich freue mich, dass ein kleines Schweinemädchen wie du so an Physik interessiert ist.«

Was passiert, wenn der Eiswürfel schmilzt? Läuft das Glas über, steigt der Flüssigkeitsstand oder fällt er?
Auflösung auf Seite 104.

Bolle hat am Ufer einen alten Aussichtsturm entdeckt, von dessen Spitze aus man bestimmt einen wunderbaren Blick auf den See hat. Die Konstruktion besteht aus einem dicken Baumstamm, der in den Boden gerammt ist und sich am oberen Ende in mehrere Äste gabelt. Darauf ist eine Plattform aus zusammengenagelten Brettern befestigt. Seltsamerweise gibt es jedoch keine Treppe oder Leiter, über die man zur Spitze gelangen könnte.

An einem Auslegerbalken ist allerdings ein Holzrad befestigt, über das ein kräftiges Seil läuft, dessen Enden auf beiden Seiten bis zum Boden herabhängen. Mit diesem einfachen Seilzug kann man also in die Höhe gezogen werden.

Die Zwillinge wollen unbedingt zuerst hinauf. Also hängt sich Rosa an das eine Ende des Seils, und am anderen Ende ziehen Bolle, Hein und James, bis das Mädchen oben ist. Danach kommt Rosi dran. Aber dann wird es schwierig. Wer soll als Nächster hinaufgezogen werden? James ist der Leichteste, dann kommt Hein und schließlich Bolle, das kleine Dickerchen.

»Etwas kräftig würde ich meine Körperform eher nennen«, grummelt Bolle. »Schließlich sollten Schweine nicht zu mager sein. Dürre Schweine sind genauso wie halslose Giraffen oder Fische, die nicht schwimmen können.«

»Schon gut, Bolle«, sagt Hein und klopft seinem Freund auf die Schulter. »Hat ja auch niemand was dagegen, dass du etwas ... kräftiger bist. Aber wen von uns dreien ziehen wir denn nun hinauf? James und ich wiegen zusammen so viel

wie du. Also kannst du entweder mit mir zusammen James hochziehen oder du ziehst mit James zusammen mich hoch.«

»Aber ich will unbedingt auch hinauf«, mault Bolle. »Schließlich habe ich den Aussichtsturm entdeckt. Und wenn ihr beide so schwer seid wie ich, könnt ihr mich doch gemeinsam auch hinaufziehen.«

Hein und James sehen sich zweifelnd an. Auch wenn das klappt, wird es bestimmt eine ziemliche Plackerei.

Aber geht das überhaupt? Können zwei Schweine, die so viel wiegen wie das dritte, dieses an einem Seilzug in die Höhe ziehen? Auflösung auf Seite 104.

Bolle sieht immer öfter besorgt zur Sonne hinauf.

»Na, Angst vor Sonnenbrand?«, fragt ihn Hein.

»Ach was. Aber meine innere Uhr sagt mir, dass es langsam Zeit fürs Mittagessen wird.«

»Innere Uhr!«, lacht James. »Das ist es also, was ich schon die ganze Zeit höre. Und ich dachte schon, da knurrt ein Wolf im Gebüsch. Dabei ist es nur deine innere Uhr.«

Bolle ist beleidigt.

»Man darf eben nicht vom Fleisch fallen. Vor allem nicht, wenn man auf einer solchen Expedition in die Wildnis unterwegs ist. Man muss immer bei Kräften bleiben.«

»Und?«, fragt ihn Hein. »Was gibt deine innere Uhr denn für eine Zeit an?«

»Keine genaue, nur dass es höchste Eisenbahn ist fürs Mittagessen«, sagt Bolle.

»Mittagessen gibt's mittags. Deshalb heißt es ja auch so. Und wann das ist, kann man ziemlich leicht herauskriegen. Hier, Bolle, nimm mal den Stock, und ein Blatt Papier spendiere ich dir auch noch. Jetzt kannst du deine innere Uhr überprüfen.«

Wie macht Bolle das? Kann man mit einem Blatt Papier und einem Stock tatsächlich rauskriegen, ob es Mittag ist? Auflösung auf Seite 105, aber nimm dir doch vorher mal ein Blatt Papier und einen Stock und experimentiere selbst ein bisschen herum.

Und? Was essen wir jetzt heute Mittag?«, fragt Bolle besorgt. »Hoffentlich ist überhaupt noch etwas übrig.«

Er denkt schon wieder ans Essen. In dieser Einöde hat er dauernd Angst, dass mal eine Mahlzeit ausfallen könnte. Hein und James weisen ihn zwar ständig darauf hin, dass er bestimmt der Allerletzte wäre, der verhungern würde, aber das ist auch kein Trost für ihn.

»Bolle, du alte Nervensäge«, sagt Hein. »Es gibt noch Konservendosen und Nudeln und Kartoffeln und jede Menge selbst gebackenes Brot und Zwiebeln und Tomaten und Obst.«

»Trotzdem. Könnte knapp werden. Vielleicht sollten wir ein paar Fische fangen?«

Hein seufzt.

»Aber wir haben keine Angeln dabei. Die waren Onkel Griebenschmalz doch zu sperrig und sind aus dem Gemeinschaftsrucksack geflogen.«

»Wir könnten es doch wie die Indianer machen«, sagt James. »Die werfen mit Speeren nach den Fischen.«

»Keine schlechte Idee«, sagt Hein anerkennend. »Los, lasst uns Speere schnitzen.«

Und schon schneiden die drei von der Schweinebande ein paar gerade gewachsene Haselnussstecken zu, entfernen die Queräste und spitzen die Speere vorne an. Dann schleichen sie ans Seeufer. Tatsächlich, da liegt eine große Forelle keinen Meter weit vom Ufer im flachen Wasser und bewegt träge die Flossen.

Bolle versucht es als Erster. Der Speer fliegt ... daneben. Eine gute Handbreit hinter der Forelle schlägt der Speer ins Wasser ein, und der erschrockene Fisch jagt davon.

»Zielen muss man eben können«, sagt Hein.

Die drei warten, und nach ein paar Minuten kommt die Forelle tatsächlich wieder.

»Jetzt passt mal auf!«, sagt James, zielt genau, wirft ... wieder daneben!

Und als die Forelle ein weiteres Mal zurückkommt (man

könnte fast das Gefühl haben, ihr würde das langsam Spaß machen), zielt Hein, wirft ... daneben.

Wie kommt das nur? Dabei sind die drei Schweine eigentlich sehr zielsichere Werfer, und wenn sie auf eine Zielscheibe am Boden werfen, treffen alle drei die Mitte. Auflösung auf Seite 106, aber mach dir vorher mal eigene Gedanken, warum es so schwer ist, den Fisch zu treffen.

Tatsächlich, mit dem Trick klappt die Fischerei – und es ist Bolle, der die Forelle schließlich speert. Triumphierend tragen die drei das schwere Tier ins Lager.

»Frischfisch!«, ruft Bolle stolz. »Legt schon mal den Grill aufs Feuer.«

Aber dummerweise hat sich niemand um das Lagerfeuer gekümmert, und es ist ausgegangen. Rosa und Rosi waren im Schlauchboot unterwegs und Onkel Griebenschmalz hat unter einem Baum ein Nickerchen gehalten. Und immer noch gibt es kein Feuerzeug und keine Streichhölzer im Lager.

»Sollen wir den Fisch vielleicht roh essen?«, mault Bolle. »Etwa als Forellensushi?«

Hein beruhigt ihn. »Wir werden schon etwas finden, womit man Feuer machen kann. Mit der Stahlwolle geht es ja leider nicht mehr. Die ist komplett verglüht. Aber jetzt scheint wenigstens die Sonne.«

Die Schweine durchsuchen den Gemeinschaftsrucksack. Aber sie finden nichts Hilfreiches. Und beim Durchwühlen zerbricht Bolle auch noch die Ersatzbrille von Onkel Griebenschmalz. Die beiden Gläser fallen aus der Fassung.

»Wie blöd!«, sagt Bolle. »Bin mal wieder ich schuld. Mein Vater zieht mir die Löffel lang! Moment ... kann man so ein Glas nicht als Brennglas verwenden?« Er probiert es aus, aber es gibt nur einen kleinen hellen Fleck. Als er damit auf seinen Arm zielt, spürt er nicht einmal eine winzige Erwärmung. »Zu schwach«, sagt Bolle.

»Aber es muss doch eine Möglichkeit geben ...« Hein sieht sich um. »Ja, da drüben an der umgestürzten Fichte, da klebt frisches Harz.«

Bolle und James sehen sich verwundert an. Spinnt der Anführer der Schweinebande jetzt komplett?

Was meinst du? Kann man mit zwei Brillengläsern und Baumharz Feuer machen? Auflösung auf Seite 107.

Inzwischen spielen Rosa und Rosi am Fluss und haben ein Wasserrad gebaut. Rosa hat ein paar alte Zahnräder gefunden. Und weil die Zwillinge mindestens so schlau sind wie ihr Bruder, haben sie die an ihr Wasserrad angeschlossen. Jetzt fragt sich nur: In welche Richtung dreht sich das Zahnrad ganz am Ende?
Auf der nächsten Doppelseite sieht man, dass sich die beiden wirklich viel Mühe gegeben haben – und natürlich unser Zeichner Nils, der die komplizierte Maschine abgemalt hat.

Die Auflösung gibt es übrigens auf Seite 108, aber bevor du dorthin weiterblätterst, bitte erst mal selbst nachdenken.

H

Wir müssen den Fisch erst salzen, bevor wir ihn grillen«, sagt Hein. »Wo ist denn der Salzstreuer?«

»Äh ...«, stottert Rosi, »also das ist jetzt mehr so ein ... Sammelstreuer geworden ... weil wir nämlich ...«

»... weil wir ihn in den Pfefferstreuer geleert haben«, vervollständigt Rosa. »Wir brauchten nämlich dringend ein Glas mit Schraubverschluss für unseren Seppi.«

»Seppi! Wer ist denn Seppi?«

»Unsere Kaulquappe«, sagt Rosa.

»So ein Salzstreuer ist prima geeignet. Man kann Seppi gut beobachten, und durch die Löcher oben kriegt er Luft«, sagt Rosi.

»Und wie sollen wir jetzt bitte Salz und Pfeffer wieder trennen?«, fragt Hein. »Meint ihr etwa, ich suche jedes Salzkorn einzeln mit der Pinzette raus?«

»Dafür brauchst du keine Pinzette«, mischt sich nun Onkel Griebenschmalz ein. »Mit einem Plastiklöffel kriegst du das viel schneller hin.«

»Mit einem Plastiklöffel?«

»Klar. Probier's mal aus.«

Wie soll das gehen? Fällt dir ein, wie man eine Mischung aus Salz und Pfeffer mithilfe eines Plastiklöffels elegant und mit wenig Aufwand trennen kann? Auflösung auf Seite 109.

Zum Fisch gibt es Kartoffeln als Beilage. Bolle wickelt ein paar in Alufolie und wirft sie einfach ins Feuer.

»Aber das dauert doch viel zu lange, bis die Kartoffeln gar sind«, sagt Hein. »Der Fisch ist gleich fertig.«

»Na, vielleicht kann man da etwas nachhelfen«, sagt Onkel Griebenschmalz. »Schaut mal in eure Werkzeugkiste.«

»Die ist ziemlich ausgeräubert«, sagt Bolle. »Außer einer Kombizange, einem Schraubenzieher, ein paar Zimmermannsnägeln, einer Rolle Draht und Klebeband ist nichts mehr drin.«

»Damit könnte es gehen«, sagt der Onkel.

»Womit?«

»Denk mal nach.«

Tja, womit könnte man die Kartoffeln in Alufolie noch etwas schneller gar bekommen? Mit einer Kombizange, einem Schraubenzieher, ein paar Zimmermannsnägeln, einer Rolle Draht oder Klebeband? Die Auflösung gibt's auf Seite 109, aber das bekommst du sicher auch allein heraus.

Onkel Griebenschmalz bastelt seine Brille wieder zusammen. Zu doof, dabei hätte man sie doch noch so gut gebrauchen können.

»Und was machen wir als Nachspeise?«, fragt Rosa.

»Das Schönste am Mittagessen ist nämlich die Nachspeise!«, sagt Rosi.

»Ihr könnt den Hals auch nie voll kriegen«, sagt Bolle.

»Das musst ausgerechnet du sagen! Dein Bauch ist bestimmt vom vielen Nachdenken so gewachsen.«

»Ist alles genetisch«, sagt Bolle würdevoll.

»Wir könnten Vanillepudding machen«, schlägt Onkel Griebenschmalz vor. »Wir haben Milch und Puddingpulver. Ich kann bloß die winzige Schrift auf der Packung nicht lesen. Keine Ahnung, wie viel Milch man nehmen muss. Für ein altes Schwein ist das einfach zu klein gedruckt.«

Rosa und Rosi nehmen ihm die Packung aus der Hand, aber auch sie können die Schrift nicht entziffern.

»Viel zu klein. Das kann ja kein Schwein lesen. Hat denn niemand ein Vergrößerungsglas dabei?«

»Nein«, sagt Onkel Griebenschmalz. »Und aus meiner Brille macht ihr auch keines mehr. Lasst euch etwas Neues einfallen.«

Und tatsächlich, ausgerechnet James und Bolle haben jeder eine Idee, wie man mit sehr einfachen Mitteln eine Lupe basteln kann. James braucht dazu nur eine Büroklammer und Bolle etwas durchsichtige Plastikfolie. Ach ja, und Wasser brauchen sie beide auch. Und wie soll das gehen? **Auflösung auf Seite 110.**

Rosa und Rosi liegen auf ihren Bäuchen am Seeufer und beobachten die Wasserläufer, die elegant über das Wasser flitzen. Wasserläufer sind kleine Insekten mit langen Beinen, die seltsamerweise auf dem Wasser laufen können.

»Wie sie das bloß machen?«, staunt Rosi. »Sieht fast so aus, als würden sie Schlittschuh laufen, dabei geht doch im Wasser alles unter. Nur Boote nicht. Vielleicht haben die kleinen Kerle winzige Boote an ihren Füßen?«

»Das müsste man mal untersuchen«, sagt Rosa. »Ich werde ein paar von diesen Wasserspaziergängern in unserem Eimer fangen und zum Zeltlager bringen. Dann kann sich unser schlaues Brüderchen Gedanken dazu machen.«

Rosa schöpft vorsichtig den Eimer voll Wasser und tatsächlich rutschen dabei auch drei Wasserläufer mit hinein. Die Schwestern schleppen den Eimer gemeinsam zu den Zelten, wo sich die Schweinebande gerade als Piratenbande kostümiert. Aber keiner der drei kann es sich erklären, wieso die kleinen Tierchen auf der Wasseroberfläche laufen können und nicht untergehen.

»Vielleicht tragen sie Holzschuhe«, sagte Bolle.

»Oder sie haben Luft in den Beinen«, sagt James.

»Ihr seid Blödmänner!«, sagt Rosa.

Onkel Griebenschmalz taucht auf. »Jedenfalls ist es gut, dass die Mädchen Wasser geholt haben. Ich wollte nämlich gerade das Geschirr abspülen.« Er schnappt sich den Eimer und lässt ein paar Tropfen Spülmittel hineinfallen.

»Nein!«, kreischen Rosa und Rosi, aber es ist schon zu spät. Die drei Wasserläufer sind auf einen Schlag untergegangen.

Warum wohl? Hast du eine Idee?
Auflösung auf Seite 110.

Ganz schön langweilig, mit diesen lahmen Schiffchen zu spielen«, sagt Rosa. Sie und Rosi haben sich aus Schwemmholz zwei Boote gebastelt, die langsam auf dem See hin und her treiben.

»Man müsste etwas haben, um sie schneller zu machen. Einen kleinen Motor vielleicht.«

Hein kommt vorbei.

»Da kann ich euch helfen. Ich muss nur noch schnell was aus dem Küchenrucksack holen.«

Kurz danach ist er zurück und hat eine Plastikflasche mitgebracht, eine Tüte Backpulver, Essig, einen Korken und zwei Einmachgummis.

»So. Damit könnt ihr jetzt ein Superrennboot bauen.«

Rosa und Rosi sehen ihren Bruder ratlos an.

»Und wie?«

»Der genaue Bauplan ist natürlich nicht kostenlos.«

»Was willst du denn dafür?«, fragt Rosa.

»Eure beiden Nachspeisen heute Abend.«

»Wie gemein!«

»Du Erpresser!«

Aber nachdem sich die beiden Schwestern lange genug die Köpfe zerbrochen haben, geben sie auf und bitten ihren großen Bruder um Hilfe. Hein baut das Rennboot blitzschnell zusammen, setzt es ins Wasser – und nach kurzer Zeit startet es wie von selbst und flitzt über den See.

Wie hat er das bloß gemacht? **Die Auflösung gibt's auf Seite 111.**

Wir wollen auch Piraten sein, also lieber Piratinnen!«, sagt Rosa, als sie erfahren hat, dass die Schweinebande an diesem Nachmittag Seeräuber spielen will.

Und Rosi ruft: »Außerdem gehören wir auch in die Schweinebande, immerhin ist unser Bruder euer Anführer!«

»Mal langsam«, sagt Hein. »Familienbeziehungen helfen euch da nicht weiter. Wenn ihr mit den Großen spielen wollt, müsst ihr erst mal eine Prüfung ablegen. Wir werden jetzt eine Piratenkarte zeichnen, und wenn ihr die richtig lesen könnt, findet ihr sogar einen Schatz. Damit habt ihr die Prüfung bestanden.«

»Und sind sie dann Mitglieder der Schweinebande?«, fragt Bolle, dem diese Idee gar nicht gefällt. Hein zwinkert ihm zu. Das soll bedeuten, dass sie das eh nicht schaffen werden.

»Nur zu«, sagt Rosa. »So schlau wie ihr sind wir schon lange.«

»Wartet's ab!«

Die Schweinebande zieht sich in ihr Zelt zurück. Hein nimmt den Füller und leert ihn aus. Dann wäscht er ihn sorgfältig aus, damit auch der letzte Rest Tinte verschwindet, und füllt ihn danach mit Zitronensaft.

»Was soll das denn werden?«, fragt Bolle.

»Das wird die Prüfung«, sagt Hein und grinst.

Dann zeichnet er eine Karte. Los geht es im Zeltlager, dann an der Spuk-Eiche vorbei zum See, über den Balancierstamm zu dem flachen Felsen, auf dem tagsüber das Schlauchboot liegt.

»Darunter verstecken wir den Schatz.«

»Welchen Schatz?«

»Wir nehmen einfach eine Tafel Schokolade. Die Mädchen finden sie ja sowieso nicht. Wir wollen ihnen doch nur beweisen, dass sie noch zu klein für die Schweinebande sind.«

Die dünnen gelben Linien des Zitronensafts verblassen schnell auf dem Papier, und schließlich sieht es wieder so leer aus wie vorher.

»Eine teuflische Idee«, sagt James anerkennend. »Wie man als älterer Bruder nur so gemein sein kann! Ich bewundere dich.«

Hein rollt die Karte zusammen und überreicht sie seinen Schwestern. »Viel Spaß – wir gehen jetzt schwimmen.«

Nach einer Viertelstunde rudern Rosa und Rosi an ihnen vorüber und winken freundlich. Sie mampfen dabei mit vollen Backen Schokolade. So ein Reinfall. Aber wie haben die Mädchen das nur gemacht? Auflösung auf Seite 112.

Als die fünf Piraten erschöpft und verschwitzt zum Abendessen wieder ins Zeltlager kommen, stürzen sie sich zuerst auf die Limonade.

»Mooooment!«, ruft Onkel Griebenschmalz. »Das ist die letzte Flasche. Wir können erst morgen früh wieder Nachschub

holen. Also, wir werden die Limonade ganz gerecht in zwei Hälften aufteilen.«

»Und wie?«, fragt Bolle.

»In dieses Glas passt haargenau ein halber Liter, so viel wie in der Flasche ist. Damit teilen wir die Limonade in zwei gleiche Hälften. Dann teilt sich die Schweinebande diese Hälfte, und ich teile mir die andere mit den Mädchen.«

»Aber wie soll das gehen?«, fragt Bolle. »Schließlich haben wir kein Glas, in das ein Viertelliter passt, nur noch eine Schüssel und ein paar Tassen.«

»Wenn ihr ein bisschen nachdenkt, fällt euch schon ein, wie wir die Limonade fair aufteilen können«, sagt Onkel Griebenschmalz stolz.

Und wie soll das gehen? Ein Tipp: Das Glas hat eine zylindrische, also eine ganz gerade Form. Auflösung auf Seite 112.

Wer hat denn die Konservendosen im Regen stehen gelassen?«, ruft Onkel Griebenschmalz. »Jetzt sind alle Etiketten eingeweicht und abgegangen. Kein Schwein kann mehr erkennen, was in welcher Dose ist. Sauerei!«

»Was gibt es denn für Dosen?«, fragt Hein.

»Das könnt ihr rausbekommen, wenn ihr alle Etiketten vorsichtig auseinanderfaltet und trocknet.«

Das tun die fünf Schweine auch. Es ist ein nettes Spiel, fast so, als würde man gemeinsam ein Puzzle zusammensetzen.

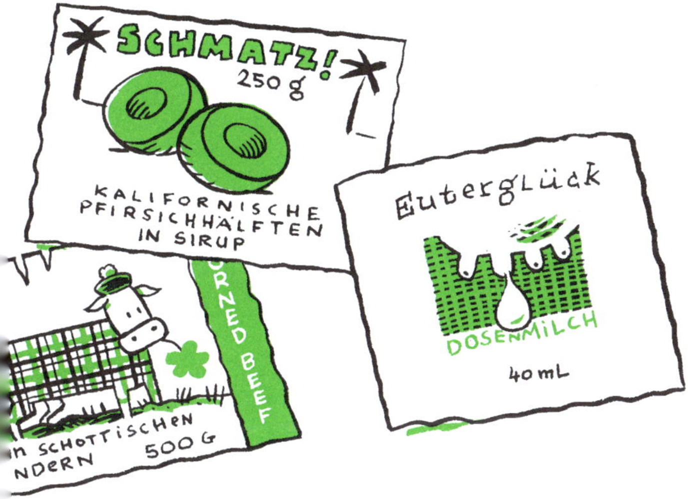

Nach einer Viertelstunde haben sie die Etiketten geglättet und getrocknet.

»Na, das sieht doch ganz gut aus«, sagt Onkel Griebenschmalz. »Dann wissen wir wenigstens, dass in den beiden kleinen Dosen keine Kartoffelsuppe und kein Sauerkraut ist. Aber in einer von ihnen müssen halbe Pfirsiche sein und in der ganz kleinen ist die Dosenmilch.«

»Hm, wirklich hilfreich ist das noch nicht«, sagt Hein. »Wir wollten heute doch Kartoffelsuppe mit Corned Beef machen und als Nachspeise Pfirsiche. Wenn wir Pech haben, machen wir aber sechs Dosen auf, nur um die drei richtigen zu finden.«

»Es muss doch irgendeine Möglichkeit geben, eine Dose Kartoffelsuppe und eine Dose Sauerkraut auseinanderzuhalten«, sagt Rosa. »Vielleicht daran riechen?«

»Oder klopfen?«, sagt Rosi.

»Nein, mir ist gerade eingefallen, wie wir die Dosen auseinanderhalten können, ohne sie extra aufzumachen«, sagt Hein und schlägt sich mit der Pfote an die Stirn. »Logo. Dass ich da nicht früher drauf gekommen bin!«

Aha? Wie will Hein das denn anstellen? Wie kann man eine Dose mit Hühnerbrühe und eine mit Corned Beef, die beide gleich groß und gleich schwer sind, auseinanderhalten, ohne sie zu öffnen? Auflösung auf Seite 113, aber vielleicht nimmst du erst mal ein paar Konservendosen in die Hand und machst dir Gedanken.

Nach dem Essen kommt der Unterhaltungsteil. Onkel Griebenschmalz kennt aus seiner Jugend noch eine Menge Spiele, aber die meisten sind so langweilig, dass Rosa und Rosi nicht mitspielen wollen, die Schweinebande sowieso nicht. Wer will schon bei »Alle Schweine grunzen laut« mitmachen, bei dem alle Mitspieler grunzen müssen, wenn ein Wort mit S anfängt und mit N aufhört, so wie »Segeln« oder »Schwartenmagen«? Und wer z.B. bei »Schwarzfahrer« grunzt, hat verloren. Dämlich! Topfschlagen ist den Schweinen zu kindisch, Eckenraten geht nicht, weil es im Freien an einem Lagerfeuer keine Ecken gibt, und Stadt-Land-Fluss geht nicht, weil die Schweine nur zwei Bleistifte dabeihaben.

»Lasst uns doch wetten«, sagt Hein.

»Wetten?«, sagt Onkel Griebenschmalz. »Wie denn, was denn? Wem zuerst eine Kastanie auf den Kopf fällt, oder was?«

»Nein, Zauberwetten. Kennst du das nicht?«

»Nein«, sagt der Onkel.

»Also, das mit den Kastanien ist gar keine schlechte Idee. Aber wir sitzen ja nicht unter einem Kastanienbaum, also

kann uns auch keine auf den Kopf fallen. Aber ich habe zufällig eine in meiner Hosentasche.«

Hein zieht eine runde Kastanie hervor. »Und ich wette, dass diese Kastanie auf dem Rand dieser Schüssel balancieren kann.«

Onkel Griebenschmalz schaut misstrauisch.

»Das heißt, du hältst sie nicht fest, und sie bleibt auf dem Rand der Schüssel liegen? Und die Schüssel steht dabei aufrecht? Und du klebst sie nicht an?«

»Nein, nein, nein«, sagt Hein. »Also? Wettest du mit?«

»Aber wir brauchen einen Einsatz«, sagt der Onkel. »Wenn du es nicht schaffst, musst du morgen den ganzen Abwasch machen.«

»Einverstanden. Und wenn ich es schaffe, bekommen wir gleich eine Extraportion Schokolinsen.«

»Meinetwegen«, sagt Onkel Griebenschmalz.

Wer gewinnt? Ja, Hein natürlich – aber wie stellt er es an, eine Kastanie auf dem Rand einer Schüssel balancieren zu lassen? Probier's doch einfach selbst aus. Vielleicht denkst du mal daran, wie es Seiltänzer machen ...
Auflösung auf Seite 113.

Also gut«, sagt Onkel Griebenschmalz und steht auf, um die Schokolinsen zu holen, »da hast du mich aber sauber reingelegt. Dafür biete ich nun dir eine Wette an. Traust du dich?«

»Na klar«, sagt Hein und grinst.

»Ich werde dein Taschentuch unter Wasser drücken und dabei bleibt es völlig trocken. Na, was hältst du davon?«

»Das geht nicht«, sagt Hein nach einer kurzen Pause, in der er nachgedacht hat.

»Wetten wir?«

»Klar.«

»Um was?«

»Noch mal dasselbe: Schokolinsen oder Abwaschen.«

Eine Minute später sitzt Hein ziemlich bedröppelt am Feuer. Sein Taschentuch war unter Wasser, ist dabei aber nicht nass geworden – und nun muss er morgen den ganzen Abwasch machen. Wie hat Onkel Griebenschmalz das nur geschafft? Auflösung auf Seite 114.

Noch eine Wette gefällig?«, sagt Hein, der unbedingt diese lästige Spülarbeit wieder loswerden will.

»Na klar, wieso nicht«, sagt Onkel Griebenschmalz vergnügt und mampft Schokolinsen.

»Na gut. Ich hab beim Feuerholzsammeln ein dünnes Brett gefunden. Aber es ist zu stark, als dass ich es einfach durchbrechen könnte. Und mit der Axt kann man Bretter schlecht durchschlagen.«

»Stimmt«, sagt Onkel Griebenschmalz. »Die vibrieren immer so stark.«

»Genau. Also, hier meine Wette: Glaubst du, ich könnte das Brettchen mit einer Zeitung durchschlagen?«

»Klingt ziemlich wild«, sagt Onkel Griebenschmalz. »Vielleicht geht es irgendwie. Aber ich komme im Moment nicht drauf.«

»Gut. Dann schau mal zu.«

Wie soll das gehen, mit einer Zeitung ein Brettchen durchschlagen?
Auflösung auf Seite 114.

Ja, das mit dem Luftdruck ... das hätte ich eigentlich wissen können«, sagt Onkel Griebenschmalz und ärgert sich, weil der Abwasch wieder bei ihm hängen geblieben ist. »Dann lass uns noch einen Versuch machen.« Er gießt sein Glas bis zum Rand

mit Wasser voll und legt eine Ansichtskarte darauf, eine von denen, die James heute vom Kiosk mitgebracht hat.

»Was meinst du, was passiert, wenn ich jetzt das Glas umdrehe?«, fragt er Hein.

»Du hast eine nasse Hose«, lacht der.

Aber was passiert wirklich? Und wird der Abwasch wieder bei Hein landen? **Auflösung auf Seite 114.**

»Jetzt ist aber Schluss mit den Wetten«, sagt Onkel Griebenschmalz. »Ihr kriegt ja noch Bauchweh von den ganzen Süßigkeiten.« Insgeheim hofft er, dass der Abwasch nicht doch noch an ihm hängen bleibt.

Aber Hein gibt nicht auf. »Eine letzte noch«, bettelt er. »Ich wette, dass ich alle restlichen Schokodrops essen kann, ohne sie mit meinen Fingern oder mit dem Mund zu berühren.«

»Ja, wenn sie dir deine Freunde in den Hals werfen.«

»Nein. Niemand wird sie anfassen.«

»Hm...«, der Onkel wird nachdenklich. »Niemand fasst sie an? Das glaube ich nicht.«

»Um was wetten wir?«

»Na, natürlich um den dämlichen Abwasch.«

»Gut. Wenn ich die Wette gewinne, werde ich morgen früh abwaschen.«

»Meinetwegen«, sagt der Onkel. »Dann mal los.«

Hein stopft sich alle Schokodrops auf einmal in den Mund, obwohl Rosa und Rosi aufkreischen: »Betrüger, Lügner, Vielfraß!!«

Tja, trotzdem hat Hein gewonnen. Irgendwie. Nur wie? **Auflösung auf Seite 115.**

Später, als alle gerade vor dem Lagerfeuer sitzen und »Wer ist das Schwein mit dem Schnurrbart?« spielen, bekommt Bolle plötzlich wieder Hunger.

»Etwas Nachappetit«, sagt er. »Das kommt in meiner Familie manchmal vor. Ist genetisch. Vielleicht sollte ich noch eine Kleinigkeit essen, sonst kann ich die ganze Nacht nicht schlafen. Etwas ganz Leichtes ... vielleicht ein hartes Ei oder zwei.«

Die Eier, die die Jungs am Morgen geholt haben, liegen in einem Korb.

»Aber pass auf, Bolle. Nur die Hälfte ist hart gekocht, der Rest ist noch roh.«

»Und welche Hälfte? Wie soll man denn bitte rohe von gekochten Eiern unterscheiden können?«

»Da gibt es mehrere Möglichkeiten«, sagt Onkel Griebenschmalz.

»Eine würde mir schon reichen.«

»Streng einfach deinen Kopf an«, sagt Rosi. »Schließlich gehörst du zur Schweinebande.«

Fällt dir wenigstens eine schlaue Möglichkeit ein, wie man rohe von gekochten Eiern unterscheiden kann? Ohne sie aufzuschlagen! **Auflösung auf Seite 115.**

Er hat tatsächlich ein hartes Ei gefunden. Schlauer Bolle! Als er es geschält hat und gerade davon abbeißen will, hält Hein seine Hand fest.

»Moment. Da fällt mir noch ein toller Zaubertrick ein. Gib mir mal das Ei.«

Widerstrebend lässt sich Bolle das Ei aus der Hand nehmen.

»Aber nicht selbst essen.«

»Nein, nein. Ich wette mit dir, dass ich dieses Ei in diese Milchflasche bekomme, ohne das Ei zu beschädigen. Dabei ist es doch deutlich dicker als der Hals der Flasche.«

»Blödsinn!«, sagt Bolle. »Das geht natürlich nicht. Gib mir jetzt mein Ei wieder!«

»Und wenn ich es doch schaffe?«

»Dann kannst du es behalten und ich gehe hungrig ins Bett.«

Das hätte Bolle nicht sagen sollen, denn schon ein paar Minuten später liegt das Ei unbeschädigt in der Milchflasche und kommt einfach nicht mehr heraus, sosehr Bolle die Flasche auch schüttelt.

Der Hals einer Milchflasche ist zwar weiter als der einer Sprudelflasche, aber immer noch viel zu eng für ein Ei. Und auch die Flasche ist unbeschädigt. Wie hat Hein das nur gemacht?
Auflösung auf Seite 115.

»Du bist ein Ferkel!«, sagt Bolle beleidigt. »Jetzt kann ich hungrig ins Bett gehen. Schöner Freund!«

»Ach, Dicker, sei nicht beleidigt. Komm, bevor wir uns hinlegen, zeige ich dir noch das große Schwein.«

»Nein, danke!«, sagt Bolle. »Ich hab keine Lust, mich noch mehr beleidigen zu lassen.«

»Quatsch. Wer redet denn von dir! Ich meine das Sternbild. Schau mal, siehst du es?«

Es dauert ziemlich lange, bis Bolle das Sternbild des großen Schweins erkennt.

Was ist mit dir? Kannst du es sehen?
Auflösung auf Seite 116.

1
2
3
4
5
6
7
8
9
10
11
12
13
14
15
16
17
18
19
20
21
22
23
24
25
26
27
28
29
30
31
a
b
c
d
e
f
g
h

Auflösung 1: Tatsächlich kann man mithilfe der Sonne die ungefähre Höhe von Bäumen bestimmen, jedenfalls wenn sie (die Sonne) nicht zu hoch steht. Jetzt, am späten Nachmittag, werfen die Bäume am Fluss recht lange Schatten. Hein hat eine gerade gewachsene Weidenrute abgeschnitten und so tief in den Boden gesteckt, dass sie nur noch einen Meter hervorragt. Den Schatten, den dieser Stecken wirft, misst Hein mit seiner Angelschnur ab. Nun weiß er, welche Länge der Schatten eines ein Meter hohen Baumes auf den Boden wirft. Und wenn man einen Baum findet, dessen Schatten viermal diese Länge hat, weiß man, dass dieser Baum vier Meter hoch sein muss. Und

diesen Baum haben die drei von der Schweinebande dann tatsächlich gefällt und über den Fluss gestürzt.

Auflösung 2: Man braucht Nähnadeln, einen Magneten und einen Korken. Bei Stabmagneten sind die verschiedenen Pole markiert, der Nordpol rot und der Südpol grün. Und so geht's: Halte die Nähnadel am Nadelöhr zwischen zwei Fingern fest und bestreiche die Nadel mit dem Nordpol des Stabmagneten immer vom Finger zur Spitze, etwa ein Dutzend Mal, aber immer nur in derselben Richtung. Nun hat sich die Nadel magnetisiert und die Spitze ist ein Südpol geworden. Das heißt, die ganze Nadel hat sich in einen kleinen Magneten verwandelt. Etwas anderes ist eine Kompassnadel auch nicht. Und da die ganze Erde ein riesiger Magnet ist (mit zwei großen Polen, einem Nordpol und einem Südpol), richtet sich eine Magnetnadel immer nach Nord-Süd aus. Man muss nur wissen, in welche Richtung die Spitze unserer Nadel zeigt. Dazu hilft es, wenn man weiß, dass sich verschiedene Pole anziehen, gleiche sich abstoßen. Wenn die Spitze unserer Nadel also ein kleiner Südpol ist, weist sie auf den großen Nordpol. Aber dazu muss sich die Nadel auch frei bewegen können, und das hat die Schweinebande so gelöst: Vom Korken eine flache Scheibe abgeschnitten, in einen Becher mit Wasser gesetzt und die Nadel vorsichtig quer über den Korken gelegt. Nach einiger Zeit hat sich die Nadel genau in Nord-

Süd-Richtung eingependelt und die Spitze zeigt nach Norden. Aber wieso lachen Rosa und Rosi so? Und wie wollen sie ohne Kompass rauskriegen, wo Norden ist? Ganz einfach. Gerade hat Onkel Griebenschmalz doch gesagt, dass die Sonne gleich untergeht. Das tut sie immer im Westen. Und wenn man weiß, wo Westen ist, weiß man auch, wo Norden ist – nach dem alten Schweinespruch, den Rosa und Rosi schon in der ersten Klasse gelernt haben: **S**chweine **W**erden **N**iemals **O**sterhasen.

Auflösung 3: Das lernt jeder Pfadfinder: Ein Zelt sollte immer so stehen, dass es möglichst geschützt ist und der

Wind den Regen nicht in den Eingang blasen kann. Deshalb sollte die Zeltöffnung möglichst nach Südosten zeigen, denn in unseren Breiten ist aus dieser Richtung am seltensten mit Wind und Wetter zu rechnen. Außerdem sollte man nicht unter Bäumen zelten. Erstens könnte bei einem Gewitter dort leichter ein Blitz einschlagen, zweitens könnten bei einem Sturm morsche Äste aufs Zelt fallen. Die Zeltöffnung zum Feuer auszurichten, mag zwar ganz romantisch sein, aber nur für den, der gerne Rauch im Zelt hat.

Auflösung 4: Mit einer Taschenlampe und Stahlwolle kann man tatsächlich Feuer machen, jedenfalls wenn man die Batterie aus der Lampe nimmt und sie mit der Stahlwolle in Kontakt bringt, sodass beide Pole die dünnen Metallfäden berühren. Dadurch entsteht nämlich ein Kurzschlussstrom, der so stark ist, dass er das Metall zum Glühen bringt. **Also höchste Vorsicht! Dieses gefährliche Experiment darfst du nur im Freien und zusammen mit einem Erwachsenen machen!**

Auflösung 5: Weder Bolle noch Hein werden viel Freude mit ihrem Abendessen haben. Bolle wird sich die Pfoten verbrennen und Hein werden die Ravioli um die Ohren fliegen. Rosa und Rosi stechen ein kleines Loch in den Deckel ihrer Dose, bevor sie sie ins Wasserbad stellen. Denn der Inhalt der Dose entwickelt in der Hitze ordentlich Druck, der sich durch das Loch langsam abbaut, sodass die Mädchen die Dose schließlich ganz gefahrlos öffnen können. Ein kleiner Tipp: Am besten nimmt man die Dose mit einer Zange aus dem Wasser, umwickelt sie mit einem Handtuch und öffnet sie. So gibt's keine verbrannten Schweinepfoten!

Auflösung 6: Ganz einfach: Mit dem Nagel und einem Stein klopft man in die Mitte jeder Dosenunterseite (die Oberseite muss sauber und möglichst ohne scharfe Kanten entfernt werden) ein Loch und fädelt die Schnur durch beide Löcher. Man misst aus, wie lang die Strippe des »Telefons« sein muss, also von Zelt zu Zelt, und macht dann in die Enden der Schnur im Inneren jeder Dose einen festen Knoten. Zieht man nun an beiden Enden an den Dosen,

spannt sich die Schnur und man kann telefonieren. Der eine hält seine Dose ans Ohr, während der andere in seine Dose hineinspricht. Die Schallwellen übertragen sich über die dünne, stramm gespannte Schnur und kommen in der Empfängerdose gut hörbar an. Jedenfalls, wenn man die Strippe nicht zu lang macht.

Auflösung 7: Man stellt den Becher mit dem schmutzigen Wasser auf einen Stuhl oder eine Kiste und den leeren Becher darunter. Der Höhenabstand sollte mindestens zehn Zentimeter sein. Dann hängt man das eine Ende des Wollfadens (je dicker, desto besser) in das Wasser und das andere in den leeren Becher darunter. Langsam wird das

Wasser durch den Faden vom vollen Glas ins leere wandern – und dabei filtern die feinen Wollhaare Sand und Schmutz aus dem Wasser. Wenn man das beobachtet, kann man gut dabei einschlafen. Wirkt besser als Schäfchen zählen.

Auflösung 8: Hein kommt immer wieder an Weggabelungen, nie an Kreuzungen. Also muss er sich nur überlegen, ob er links oder rechts geht. Geht er links, legt er einen Stein hin, geht er rechts, legt er keinen hin. Endet der Weg am See oder am Fluss, kehrt er um und nimmt an der letzten Gabelung eben den anderen Weg. Durch die Steine weiß er genau, ob er vorher nach rechts oder links gegangen ist. Jetzt geht er eben in die andere Richtung, und zwar wieder nach folgendem Prinzip: Liegt vor einer Gabelung ein Stein, geht er nach links, liegt da keiner, geht er nach rechts. So wird er – wenn er geduldig genug ist – irgendwann die Quelle erreichen. Der Rückweg zum Lager sieht dann so

aus: Liegt an einer Gabelung ein Stein, geht er rechts, liegt keiner da, geht er links. Auf diese Weise findet er sicher wieder zu seinen Freunden zurück.

Auflösung 9: So seltsam es klingt: Alle drei Backrezepte funktionieren. Der flache Stein sollte eine gute halbe Stunde am Rand des Lagerfeuers gelegen haben, dann formt man einen möglichst dünnen Teigfladen und legt ihn auf den Stein. Wenn die Unterseite knusprig geworden ist und die Oberseite Blasen wirft, löst man den Brotfladen mit einem Messer vom Stein. Fertig. Mit einem Stock geht es auch. Man umwickelt das obere Drittel eines etwa meterlangen, stabilen Holzstocks mit einer Teigschicht und hält sie ins Feuer. Immer schön drehen, damit das Brot nicht anbrennt, und wenn die Oberfläche schön braun und knusprig ist, hat man ein Röhrenbrot. In der Konservendose backen ist natürlich etwas absolut Cooles. Dazu muss man den oberen Deckel sauber abschneiden, die Dose innen auswaschen und etwas einölen. Dann zur Hälfte mit Teig füllen und in die Glut stellen. Wenn das Brot die Dose aufgefüllt hat und die Oberfläche braun und knusprig ist, die Dose mit einer Zange vorsichtig aus der Glut nehmen und in kaltem Wasser abschrecken. Danach lässt sich das Brot meist leicht aus der Dose lösen.

Auflösung 10: Einen Füller braucht man noch. Und er sollte nicht leer sein. Man füllt die Flasche zu einem Drittel mit Wasser und spritzt so viel Tinte hinein, bis das Wasser deutlich Farbe angenommen hat. Dann steckt man einen Strohhalm in die Flasche, so weit, dass er fast den Boden berührt und gleichzeitig noch ein paar Zentimeter aus der Flasche herausragt. Den Flaschenhals dichtet man mit der Knetmasse ab, sodass der Strohhalm gut umschlossen ist. Wenn man nun die Flasche fest zwischen die Oberschenkel presst (man kann sie auch mit beiden Händen umfassen), wird die Wassersäule langsam im durchsichtigen Trinkhalm

ansteigen. Das Wasser hat sich auf Körpertemperatur erwärmt und steigt im Strohhalm hoch. Nun kann man vorsichtig eine Markierung außen an der Flasche machen, wenn man genau im rechten Winkel dazu hineinsieht. Man kann natürlich auch vorher den Strohhalm mit gleichmäßigen Markierungen versehen.

Wenn wir die Körpertemperatur »gemessen« haben, halten wir die Flasche in den See, natürlich nur so weit, dass der Flaschenhals noch aus dem Wasser ragt. Wenn wir lange genug warten, wird sich auch hier der Wasserstand im Strohhalm ändern. Liegt die Oberkante des neuen Wasserstandes über der Markierung, ist das Wasser im See wärmer als unsere Körpertemperatur (Juchhu! Hinein!), liegt die Oberkante des neuen Wasserstandes im Strohhalm darunter, ist es kälter.

Auflösung 11: Nach einer halben Stunde ist das Eis tatsächlich fertig und die fünf Ferkel und Onkel Griebenschmalz schmatzen gewaltig: Sahneeis mit frischen Walderdbeeren! Köstlich.

Und das geht so: Man bedeckt den Boden eines Topfes mit Eiswürfeln, darüber streut man großzügig Salz, darüber wieder eine Schicht Eiswürfel, wieder Salz, Eis, Salz ... bis der Topf halb voll ist. Hinein stellt man einen Glas- oder Plastiktopf und füllt ihn mit flüssiger Sahne und etwas Zucker. Jetzt wird gerührt, lange und ausdauernd, und nach und nach wird die Sahne fester und körniger, bis sie schließlich gefroren ist. Wie kann das sein? Das Eis reagiert mit dem Salz und wird kälter, sogar bis zu einer Temperatur von minus 20 Grad! Dadurch wird der Topf in der Mitte so abgekühlt, dass die Sahne gefriert. Diesen Trick kannten übrigens schon die alten Römer, die bereits vor 2000 Jahren im Sommer Eis schleckten. Natürlich nur die reichen alten Römer. Das Eis dazu ließen sie sich von den Gipfeln der Alpen anliefern, mischten es mit Meersalz und stellten Töpfe mit Sahne, Honig oder pürierten Früchten hinein. Das Umrühren besorgten damals Sklaven. Und eine »Sklavenarbeit« ist das tatsächlich, findet Hein, als nach einer halben Stunde Umrühren die Sahne endlich gefroren ist. Trotzdem ist das ein Experiment, das man unbedingt

nachmachen sollte. Und zwar ohne Aufsicht der Eltern. Denn die wollen ja nur was von der herrlichen eisgekühlten Mischung aus Sahne, Zucker und Erdbeeren abhaben!

Auflösung 12: Der Flüssigkeitsspiegel im Glas bleibt gleich. Der schwimmende Eiswürfel verdrängt genau so viel Wasser, wie es seinem Gewicht entspricht – das Prinzip des Auftriebs. Da sich das Gewicht beim Schmelzen nicht ändert, nimmt das Schmelzwasser nun genau den Raum ein, den zuvor das Eis verdrängt hat. Aber wieso steigt dann der Meeresspiegel, wenn Gletscher und Eisberge schmelzen? Ganz einfach, weil Gletscher überhaupt nicht im Meer eintauchen, das ganze Wasser des Festlandeises also zusätzlich ins Meer läuft.

Auflösung 13: James und Hein können zusammen Bolle zwar durch einen kurzen Ruck ein Stückchen hinaufbefördern, aber dann werden sie von dem Gegengewicht ihres Freundes selbst vom Boden gehoben. Danach hängen sie alle in derselben Höhe am Seil, und an ein Weiterkommen ist nicht mehr zu denken. Auch Zappeln oder Ruckeln hilft nichts, denn der Impuls (die Energie des Stoßes) bräuchte eine Verbindung zum festen Boden, sonst kann er nicht wirken.

Auflösung 14: Mittags steht die Sonne am höchsten. Jetzt, im Sommer, steht sie fast genau über uns. Bolle legt das Blatt Papier auf den Boden und steckt den Stock senkrecht in die Mitte. Was senkrecht ist, kann man übrigens mit einem Pendel oder Lot ganz leicht überprüfen. Man bindet einen Stein an einen Faden und hält ihn möglichst nahe neben den Stock. So sieht man, ob der Stock auch gerade und senkrecht steht, denn ein Pendel oder Lot steht immer senkrecht (also im rechten Winkel) zur Erdoberfläche.

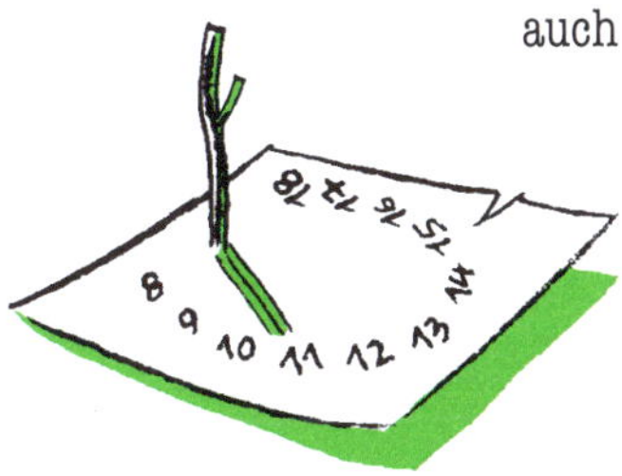

Zurück zum Mittagstest: Am Vormittag weist der Schatten des Stocks nach Westen, am Nachmittag nach Osten. Am Morgen ist er lang und wird gegen Mittag immer kürzer – und gegen Abend wird er wieder länger. Die Zeit, in der der Schatten am kürzesten ist, das ist Mittag. Je länger der Schatten des Stocks ist, umso weiter ist die Zeit von der Mittagsstunde entfernt.

Mithilfe einer Armbanduhr kann man übrigens eine einfache Sonnenuhr bauen. Wenn man einen Tag lang vom Morgen bis zum Abend jede Stunde den Stock, der auf das Papier gespießt ist, besucht und jeweils den Punkt anzeichnet, auf den die Schattenspitze des Stocks zeigt – dann hat man eine ziemlich genaue Sonnenuhr, die für den ganzen Sommer gilt. Wenn es allerdings schattig ist oder regnet, braucht man dann doch eine Armbanduhr.

Auflösung 15: Der Fisch scheint nicht da zu sein, wo er wirklich ist. Das liegt daran, dass sich das Licht an der Grenze von Wasser und Luft bricht, also seine Richtung ändert. Du kannst das kontrollieren, indem du folgendes

Experiment machst: Nimm einen Suppenteller und leg eine Münze hinein. Dann setze dich so an den Tisch, dass du flach über den Tellerrand schaust und die Münze gerade nicht mehr sehen kannst. Lass jetzt jemanden langsam Wasser in den Teller füllen – und auf einmal wird die Münze sichtbar. Es scheint, als könntest du plötzlich »um die Ecke sehen«. Wenn man also einen Fisch speeren will, darf man nicht auf die Stelle zielen, an der man ihn sieht, sondern etwas davor. Wohin genau, das ist Erfahrungssache, davon wissen die Indianer ein Lied zu singen.

Auflösung 16: Gut, dass Onkel Griebenschmalz weitsichtig ist, denn dann sind seine Brillengläser wie zwei kleine

Schalen geformt. Aber für ein Brennglas reicht das nicht. Man klebt die beiden Gläser mit Baumharz zusammen und lässt eine Stelle frei. Dann hält man dieses Doppelglas unter Wasser, bis sich der Hohlraum gefüllt hat. Jetzt hat man ein astreines Brennglas, mit dem sich das Licht besser bündeln lässt als mit zwei Glasschalen, zwischen denen nur Luft steckt. In null Komma nichts kann man damit Laub und dürre Zweige entzünden. **Auch dieses Experiment (und alle, die mit Feuer zu tun haben) nur im Freien und unter Aufsicht von Erwachsenen ausprobieren!**

Auflösung 17: So drehen sich die Zahnräder.

Auflösung 18: Man reibt den Plastiklöffel kräftig an einem Wolltuch oder Pullover, bis er sich elektrisch aufgeladen hat. So wie wir selbst uns aufladen, wenn wir etwa über einen langen Gang mit Teppichboden gehen und schließlich die Finger langsam einer Türklinke nähern. Dieser leichte elektrische Schlag, den wir dann spüren, ist die Ladung, die sich mit einem kleinen Funken zwischen uns und der Metallklinke ausgleicht. Wenn man den Löffel nun über die Salz-und-Pfeffer-Mischung hält, springt der leichtere Pfefferstaub zum Löffel und bleibt dort haften, während das schwerere Salz liegen bleibt.

Auflösung 19: Die Lösung sind die dicken, langen Zimmermannsnägel. Man steckt einen durch jede mit Alufolie umwickelte Kartoffel. Im Feuer erhitzt sich der Nagel und »grillt« die Kartoffel quasi von innen mit. Das würde natürlich auch mit einem Schraubenzieher gehen. Der müsste dann aber vollständig aus Metall sein. **Vorsicht: Jetzt sind nicht nur die Kartoffeln heiß, sondern auch alles, was in ihnen steckt.**

Auflösung 20: Ein Wassertropfen ist ein wunderbares Vergrößerungsglas – man muss nur wissen, wie man ihn »einfangen« kann. Dazu gibt es zwei Möglichkeiten: Du kannst einen dünnen Draht so biegen, dass er an einem Ende einen Kreis von etwa einem halben Zentimeter Durchmesser bildet. Damit lässt sich ein Tropfen fangen, und wenn man ihn vorsichtig über die Schrift hält, wird er sie vergrößern. Man kann aber auch eine dünne Plastikfolie auf die Schrift legen und etwas Wasser darauftropfen lassen. Verschiebe den Tropfen über der Schrift und du wirst auch die kleinsten Buchstaben lesen können.

Auflösung 21: Die Wasserläufer haben keine Holzschuhe an und tragen auch keine Schwimmwesten. An ihren dünnen Füßchen befinden sich feine Haare, auf denen sie über das Wasser gleiten. So verteilt sich ihr – sowieso sehr geringes – Gewicht auf Hunderte von Punkten.

Außerdem bestehen die Härchen aus einem Material, das nicht vom Wasser benetzt wird, also wasserabstoßend ist wie Wachs oder Öl. Die Oberfläche von Wasser steht unter einer Spannung, die man sich wie eine hauchdünne Folie vorstellen kann, auf der diese Tierchen laufen. Spülmittel jedoch hebt die Oberflächenspannung des Wassers auf, dann wirkt die Abstoßung nicht mehr, und die Wasserläufer gehen sofort unter.

Auflösung 22: Das Rennboot fährt nach dem Rückstoßprinzip, so wie Raketen und Düsenflugzeuge. Hein befestigt die Plastikflasche mit den Gummis längs auf dem Boot, mit der Flaschenöffnung nach hinten, also zum Heck. Dann schüttet er ein Päckchen Backpulver in

die Flasche, kippt etwas Essig dazu und verschließt die Öffnung mit einem Korken. Schließlich setzt er das Boot ins Wasser, mit dem Bug Richtung Seemitte. Nach kurzer Zeit fliegt der Korken heraus und das Boot saust davon. Wieso? Das Backpulver reagiert mit dem Essig, und es entsteht Kohlendioxid, ein Gas, das sich schnell ausbreitet und Druck aufbaut. **Vorsicht: Noch so ein Experiment, das du nur unter der Aufsicht von Erwachsenen machen darfst!**

Auflösung 23: Rosa und Rosi sind schlau. Sie halten das leere Blatt über das Lagerfeuer und erwärmen es vorsichtig. Mit der Zeit wird die Schatzkarte sichtbar, denn die Kohlenhydrate im Zitronensaft verkokeln und färben sich braun.

Auflösung 24: Da das Glas ein Zylinder ist, also ein Körper, dessen Öffnung genauso groß ist wie sein Boden, schüttet man vorsichtig genau so viel heraus, bis der Boden des

Glases gerade noch bedeckt ist. Wenn man es so schräg hält wie auf der Zeichnung, bleibt genau die Hälfte des Inhalts im Glas – die andere ist in der Schüssel.

Auflösung 25: Man lässt die Dosen einfach eine schiefe Ebene hinunterrollen. Die Dosen mit flüssigem Inhalt rollen schneller als die mit festem. Und da es von jeder Größe nur eine gibt, die man öffnen will, hat man schnell die richtigen herausgefunden.

Auflösung 26: Zwei Gabeln in die Kastanie stecken und sie wie auf dieser Zeichnung auf den Schüsselrand legen. Die Gabeln wirken wie die Balancierstange eines Seiltänzers.

Auflösung 27: Man steckt das Taschentuch in ein Glas und drückt dieses verkehrt herum unter Wasser.

Auflösung 28: Hein legt das Brettchen auf einen Baumstamm, lässt eine Hälfte überstehen und legt die Zeitung über die andere. Dann tritt er kräftig und schnell mit dem Fuß auf die überstehende Hälfte. Das Brett bricht, weil der Luftdruck das Brett quasi »festgehalten« hat.

Auflösung 29: Auch hier arbeitet der Luftdruck mit. Er presst die Karte auf das Wasser, und wenn man das randvoll gefüllte Glas geschickt umdreht, klebt die Karte tatsächlich

auf dem Glas und das Wasser läuft nicht heraus. Aber lieber erst mal üben!

Auflösung 30: Wirklich ein böser Trick, der nichts mit Physik zu tun hat. Hein hat die Wette verloren – aber trotzdem hat er alle Süßigkeiten gegessen und muss morgen nicht abwaschen. Man sollte also immer genau zuhören, wenn jemand mit einem wettet!

Auflösung 31: Man legt ein Ei nach dem anderen auf einen Teller und bringt es durch eine schnelle Handbewegung zum Rotieren, so wie einen Kreisel. Das hart gekochte Ei wird sich sauber drehen, vielleicht sogar aufrichten. Das rohe Ei fängt an zu taumeln, weil die Flüssigkeit im Inneren hin und her schwappt und die Drehbewegung behindert.

Auflösung 32: Hein hat mit der Kraft des Vakuums gearbeitet oder mit dem Luftdruck von außen – ganz wie man es sehen möchte. Zuerst hat er in einem Topf Wasser heiß gemacht und die Flasche hineingehalten, bis sie heiß war. Dann hat er das Ei mit der Spitze nach unten auf die Öffnung der Flasche gesetzt, sodass sie gut abgedichtet war. Dann hat er gewartet. Die Luft im Inneren hat sich abgekühlt, und da kalte Luft weniger Platz braucht als heiße, hat sie das Ei von innen angezogen. Und weil innen der Druck geringer wurde, konnte der Luftdruck von außen (den man nicht spürt, aber der ständig auf uns alle drückt) mitarbeiten. Er hat das Ei in die Flasche gedrückt. Man hätte auch ein brennendes Streichholz in die Flasche werfen können und schnell das Ei auf die Öffnung setzen. Die Flamme hätte den meisten Sauerstoff in der Flasche verbrannt, und es wäre auch so ein Unterdruck entstanden.

Auflösung 33: Und so sieht das Sternbild des großen Schweins aus.

1
2
3
4
5
6
7
8
9
10
11
12
13
14
15
16
17
18
19
20
21
22
23
24
25
26
27
28
29
30
31
a
b
c
d
e
f
g
h

Inhalt

Nachdem seine eigenen drei Ferkel aus dem Haus sind, kann sich **Robert Griesbeck** endlich in Ruhe auf seine Bücher konzentrieren. In einem kleinen Haus am bayrischen Staffelsee denkt er sich immer neue Rätsel aus. Und wenn ihm mal wirklich nichts mehr einfällt, geht er in den Schweinestall und lässt sich von Erwin dem Eber ein paar Tipps geben.

Schon als kleines Ferkel hatte **Nils Fliegner** immer einen Pinsel zwischen den Pfoten. Als großes Ferkel hat er dann Robert Griesbeck kennengelernt. Manchmal macht er sich auf den weiten Weg von Hamburg zum Staffelsee, um zu gucken, was sich Robert und Erwin wieder ausgedacht haben. Und wenn es ihm gut gefällt, malt er ein paar hübsche Bilder dazu.

Robert Griesbeck

TRICK CHEMIE

Schräge Experimente und schweineschlaue Tricks

Illustriert von Nils Fliegner

Ein großes Dankeschön an Prof. Dr. Axel Griesbeck vom Institut für Organische Chemie der Universität Köln für sein aufmerksames Lesen, seine Anmerkungen und Korrekturen.

Natürlich gehen auch Schweine in die Schule, was hast du denn gedacht? Etwa, dass Schweine den ganzen Tag nur im Matsch rumliegen und vor sich hin grunzen? Ein schweres Missverständnis. Schweine würden auch lieber Skateboard fahren oder den ganzen Nachmittag in der Eisdiele sitzen und Copacabana-Becher essen.

Das mit dem Matsch müssen wir übrigens eben noch aufklären: Schweine haben keine Schweißdrüsen so wie Menschen. Deshalb wird es Schweinen im Sommer schrecklich heiß, und um sich abzukühlen, wälzen sie sich im feuchten Schlamm. Zivilisierte Schweine – von denen hier die Rede ist – wälzen sich allerdings nicht

mehr im Schlamm, sie duschen ein paarmal am Tag oder gehen im Sommer einfach ins Freibad.

Da sieht man mal wieder, dass wir ziemlich oft falsche Vorstellungen von Schweinen haben. Schweine sind außerdem sehr schlau. Manche behaupten sogar, dass sie mindestens genauso schlau sind wie Menschen.

Onkel Griebenschmalz sagt jedenfalls: »Ist doch klar, dass wir schlauer sind – schließlich hatten wir schon Steckdosen, lange bevor die Menschen überhaupt wussten, was das ist.«

Aber wahrscheinlich meint Onkel Griebenschmalz das eher als Scherz.

Die Schweine, um die es hier geht, heißen Hein, Bolle und James. Hein Schwein geht in die vierte Klasse der Schweineschule. Er ist sehr gut in Mathe und Rugby und sehr schlecht in Französisch.

Dabei ist er nicht irgendein normal schlaues Schwein. Hein Schwein ist ein sehr, sehr schlauer Schweinejunge, fast schon ein geniales Schwein. Hein hat nämlich einen SQ von fast 244. SQ bedeutet »Schweinequotient« und ist so etwas wie die Maßeinheit der Schläue bei Schweinen. Menschen dagegen haben nur einen IQ.

Ein Schweinequotient von 244 ist gewaltig. Wäre Albert Einstein ein Schwein gewesen, hätte er auch keinen höheren SQ gehabt. Aber Hein Schwein gibt nicht groß mit seiner Schlauheit an, er schreibt einfach seine Einser in Mathe und Physik. Und damit hat sich's.

Allerdings ist vor Kurzem ein neues Fach dazugekommen, das sogar einem Hein Schwein gewaltiges Kopfzerbrechen bereitet ...

James ist Heins bester Freund. Er sitzt drei Bänke hinter ihm, weil Herr Speckbauch, der Klassenlehrer, es nicht mehr ausgehalten hat, dass die beiden jede Stunde neue Fragen aushecken, mit denen sie den Unterricht stören. James kennt jede Menge hinterlistige Tricks und Rätsel, und er kann so unschuldig schauen, wenn er Herrn Speckbauch eine Frage stellt, dass der immer wieder darauf reinfällt.

Bolle ist der Zwillingsbruder von James. Zwar ist Bolle

nicht so clever wie James, aber er ist ein begnadeter Witze-Erzähler und kennt jede Menge fieser Scherzaufgaben. Zusammen sind die drei die »Schweinebande«, gefürchtet von allen Lehrern. Aber im Moment sind sie ziemlich kleinlaut.

Schämie!«, seufzt Hein und verzwirbelt seinen Ringelschwanz. »So was braucht doch kein Schwein! Mathe und Physik, meinetwegen. Erdkunde, Rechtschreibung und Rugby – alles in Ordnung, aber SCHÄMIE!!!«

»Es heißt Chemie«, sagt Onkel Griebenschmalz, bei dem die drei an diesem Nachmittag zu Besuch sind, »und ich wundere mich, dass ausgerechnet so ein Schlaukopf wie du damit Schwierigkeiten hat. Ist doch alles ganz logisch: die Elemente eben und Säuren, Laugen und das alles ...«

»Ach, ja?«, sagt Hein. »Und wofür soll das bitte gut sein? Mathematik ist klar, da kann man ausrechnen, wie viele Eimer Farbe man braucht, wenn man sein Haus streichen will, und mit Physik kann ich sogar Feuer machen, wenn ich beim Zelten mal die Streichhölzer vergessen hab ... aber Schämie!?!«

Da mischt sich Rosa Griebenschmalz ein, die Frau von Onkel Griebenschmalz. Rosa ist eine großartige Köchin, berühmt für ihre Himbeerschaumrouladen und den dreistöckigen Kartoffel-Zwiebel-Erbsen-Kuchen.

»Ohne Chemie wärt ihr alle ganz traurige Ferkel. Was meint ihr, was bei mir in der Küche jeden Tag passiert? Chemie!«

Die Schweinebande schaut verwundert drein.

»Chemie? Ich dachte, Sie kochen nur mit ganz natürlichen Zutaten ohne dieses moderne Tütenzeugs!«, sagt Hein entrüstet.

»Ach, du kleiner Dummkopf. Das ist doch alles Chemie – Mehl, Zucker, Salz, Eier und Butter. Wenn ihr mal Chemie-Nachhilfe haben wollt, könnt ihr mich am Sonntag in der Küche besuchen. Da lernt ihr was fürs Leben.«

Die drei Schweine sehen sich an. Chemie-Nachhilfe? Muss ja nicht unbedingt sein. Aber einen Sonntag lang mit Rosa Griebenschmalz in ihrer Wunderküche stehen, das ist schon etwas anderes. Da könnten jede Menge Köstlichkeiten abfallen.

Und so kommt es, dass Hein, James und Bolle tatsächlich am nächsten Sonntag zur Chemiestunde bei Frau Griebenschmalz antreten.

Die Schweinebande läutet an der Tür des Griebenschmalz-Hauses, als Rosa gerade dabei ist, ihren Mann wegzuschicken.

»Geh lieber Fußball schauen mit deinen Freunden«, sagt sie. »Dann stehst du uns hier nicht im Weg herum.«

»Aber du willst die Knaben doch in Küchenchemie unterrichten«, sagt Onkel Griebenschmalz, der früher mal Physiklehrer war. »Da sollte dir vielleicht ein pädagogischer Fachmann zur Seite stehen.«

»Nichts da. Ich kenne dich doch. Du redest ohne Punkt und Komma, alles nur Formeln und Gleichungen, und verschreckst mir die Kleinen. Ich mach das schon.«

»Ich halte ja nichts von diesen modernen Unterrichtsmethoden«, knurrt Onkel Griebenschmalz, während er sich gemächlich nach draußen verkrümelt. »Und vergiss bloß den Zitronenkuchen nicht!«, ruft er seiner Frau durch die offene Haustür zu, als Hein, James und Bolle gerade an ihm vorbeihuschen.

»Oh, Zitronenkuchen«, sagt Bolle mit großen Augen.

»Vielleicht war das doch keine so schlechte Idee, das mit der Nachhilfestunde in Chemie.«

»Schämie!«, stöhnt Hein, der immer noch findet, dass das ein doofes und völlig überflüssiges Fach ist.

»Willkommen in meinem Labor!«, ruft Rosa Griebenschmalz und winkt die drei Schweine in die Küche. »Hier werden wir experimentieren. Aber bei mir gibt es keine Glaskolben, Reagenzgläser und Bunsenbrenner, sondern Rührschüsseln, Einmachgläser und einen anständigen Backofen. Und wir brauchen auch keine Fläschchen mit chemischen Stoffen, keine Säuren und Basen – uns genügen Salz und Pfeffer, Eier, Milch, Butter und ein paar andere Dinge, die sich in jeder guten Küche so finden lassen.«

»Und kriegen wir auch Noten?«, fragt James.

»Nein. Aber ihr könnt alles aufessen, was wir heute hier zusammen experimentieren. Zumindest das meiste davon.«

Das geht in Ordnung, da sind sich Hein, James und Bolle einig.

»Also, zuerst machen wir meinen weltberühmten Zitronenkuchen. Das ist zwar kein Experiment, weil der Kuchen immer gelingt, aber ihr lernt trotzdem jede Menge dabei.«

Summend stellt Rosa die verschiedenen Zutaten auf den Tisch, die sie für den Zitronenkuchen braucht – Mehl, Zitronen, Sahne, Zucker ...

»Moment mal, das gibt es doch wohl nicht! Wo ist denn die Butter?«

Rosa bekommt einen roten Kopf und wühlt im Kühlschrank. »Tatsächlich! Keine Butter. Aber das ist eigentlich gar nicht so schlecht. Dann könnt ihr drei nämlich gleich eure erste Chemiearbeit abliefern: Butter herstellen.«

Hein, James und Bolle sehen sich an. »Können wir nicht einfach Margarine nehmen?«, fragt Hein.

»Oder ich laufe heim und hole ein Pfund von meiner Mutter«, schlägt James vor.

»Nein, ihr seid doch hier, um etwas zu lernen. Also, woraus macht man Butter?«

»Aus ... Milch?«, schlägt Bolle vor.

»Stimmt. Aber es muss schon eine sehr fette Milch sein, also am besten Sahne. Und Sahne hab ich da. Nur, wie wird daraus Butter?«

»Ab ins Gefrierfach!«, ruft Bolle. »Eine Stunde einfrieren, dann ist sie fest wie Butter.«

»Quatsch!«, sagt Hein. »Man muss sie schlagen, am besten mit einem Hammer oder einem Tennisschläger.«

»Oje«, seufzt Rosa. »Ihr braucht wirklich dringend Nachhilfe. Also, früher hat man Butter in Butterfässern gemacht und hat den Rahm mit der Hand gestampft. Aber wir sind ja moderne Schweine, wir haben eine Küchenmaschine.«

Und sie erklärt den dreien, wie sie aus Rahm Butter machen können. Aber für den vorwitzigen Hein, der immer noch nicht einsehen will, wozu er denn »Schämie« brauchen soll, hat sie noch eine Überraschung.

»Hein, du kriegst eine Sonderaufgabe. Hier ist eine feste Plastikdose mit einem Schraubverschluss und eine Glasmurmel. Nun überleg dir mal, wie du damit Butter machen kannst. Wenn du das herauskriegst, gibt's einen Zusatzpunkt bei der Abschlussprüfung.«

Hein schaut finster drein. Wie soll er das bloß anstellen?

Ob Rosa Griebenschmalz das wirklich ernst meint? Wie soll man ohne Küchenmaschine, nur mit einer Plastikdose und einer Glasmurmel Butter herstellen? Hast du eine Idee? **Auflösung auf Seite 77.**

Die drei Schweine sind ziemlich stolz, dass sie es tatsächlich geschafft haben, aus flüssiger Sahne feste Butter zu machen. Sogar Hein mit seinem Plastikdosenbutterfass hat es geschafft. Aber sein rechter Arm brennt ganz schön.

»Das ist also Schämie? Wenn man was Flüssiges in was Festes verwandelt?«

»Nicht nur«, sagt Rosa Griebenschmalz. »Aber auch das gehört dazu. Und gut übrigens, dass du es erwähnst. Die drei Zustandsformen sind in der Küche wie in der Chemie dieselben: fest, flüssig und gasförmig. Ist doch ganz einfach, Wasser zum Beispiel ...«

»... ist Eis, wenn es gefriert und fest wird ...«, sagt Hein.

»... und Wasser, wenn es flüssig ist ...«, sagt James.

»... und wenn es gasförmig ist, ist es Dampf«, sagt Bolle.

»Na, also, geht doch.« Rosa lächelt zufrieden.

»Kann man mit Milch nicht noch mehr machen?«, fragt James.

»Man kann sie auf eine heiße Herdplatte tropfen lassen«, ruft Bolle. »Das stinkt so schön!«

»Das sieht euch wieder ähnlich«, sagt Rosa und schüttelt den Kopf. »Aber es gibt tatsächlich einiges, was man mit Milch machen kann. Man kann zum Beispiel Klebstoff daraus herstellen. Prima Sache, wenn einem gerade der Kleber ausgeht.«

»Und wie?«, fragen die drei Schweine wie aus einem Mund.

»Das verrate ich euch nicht. Macht euch doch erst mal selbst ein paar Gedanken. Alles, was ihr dazu braucht, habe ich hier.«

Und mit diesen Worten stellt Rosa eine Milchtüte, eine Flasche Essig und ein Päckchen Backpulver auf den Tisch und sieht die drei Schweine auffordernd an.

Milch, Essig, Backpulver – hast du einen Vorschlag, wie man aus diesen drei Zutaten Klebstoff machen kann? **Auflösung auf Seite 79.**

»So einfach ist also Schämie?!«, sagt Hein, und er ist sichtlich stolz, dass es ihm gelungen ist, einen Klebstoff aus Milch herzustellen. »Dann kann man also alles aus Milch machen?«

»Alles nicht, aber vieles«, sagt Rosa Griebenschmalz. »Und

darunter sind ein paar sehr leckere Sachen: Speiseeis, Quark, Joghurt, Schlagsahne und Käse.«

»Donnerwetter!«, freut sich Bolle. »Und dazu noch Klebstoff und Stinkbomben, wirklich beeindruckend!«

»Milch haben früher sogar die Spione verwendet, wenn sie gerade nichts Besseres zur Hand hatten«, sagt Rosa Griebenschmalz.

»Als Waffe? Die Alte-Milch-Stinkbombe?«

»Oder als Superkleber?«

»Nein. Für geheime Botschaften, die nur der Empfänger lesen können sollte«, erklärt Rosa Griebenschmalz.

»Ach, Geheimtinte …«, Bolle winkt ab, »diesen Trick kennen wir schon längst. Den haben wir bei unserem letzten Zeltausflug gelernt. Man braucht nur ein bisschen Zitronensaft. Damit schreibt man auf ein Blatt Papier, und wenn dann jemand später das Blatt von unten heiß macht, kann man die Schrift wieder lesen. Das weiß doch jeder Pfadfinder!« Bolle ist sichtlich stolz, dass er mit seinem Wissen prahlen kann.*

** (siehe »Trickphysik – Schräge Experimente und schweineschlaue Tricks« im Boje Verlag)*

Aber Rosa schüttelt den Kopf.

»Mit Milch geht das etwas anders«, sagt sie. »Fällt einem von euch etwas dazu ein?«

Milch als Geheimtinte? Wie soll das denn funktionieren? Um den dreien etwas zu helfen, stellt Rosa noch einen Pfefferstreuer neben die Milchtüte. Na? Klingelt's vielleicht bei dir? Auflösung auf Seite 81.

Und das Allerbeste kommt noch«, sagt Rosa Griebenschmalz. »Man kann sogar einen Gummiball aus Milch machen. Hättet ihr wohl nicht gedacht, was?«

»Nee, Gummi macht man doch aus Bäumen«, sagt Bolle.

»Quatsch«, sagt Hein. »Den macht man aus dem Saft von Gummibäumen, schließlich heißen die ja so. Aber aus Milch?«

»Geht auch«, sagt Rosa Griebenschmalz stolz. »Das habe ich so nebenher entdeckt, als ich mal wieder Hektik in der

Küche hatte. Und weil ihr ja von selbst nicht draufkommen könnt, zeig ich es euch einmal. Schaut her.«

Sie setzt einen Topf mit frischer Vollmilch auf den Herd, lässt die Milch heiß werden und schüttet – kurz bevor die Milch aufkochen will – ein paar Esslöffel Essig hinein, nimmt den Topf vom Herd und rührt fleißig um. Tatsächlich, es bildet sich eine gummiartige Masse, die Rosa aus der Milch fischt, unter fließendem Wasser auswäscht und zu einem kleinen Ball zusammenknetet. Sie wirft ihn auf den Boden, und er … na ja, er hopst müde, also kein Vergleich zu einem richtigen Gummiball. Aber immerhin!

»Ist ja sagenhaft, was man in einer Schämieküche alles

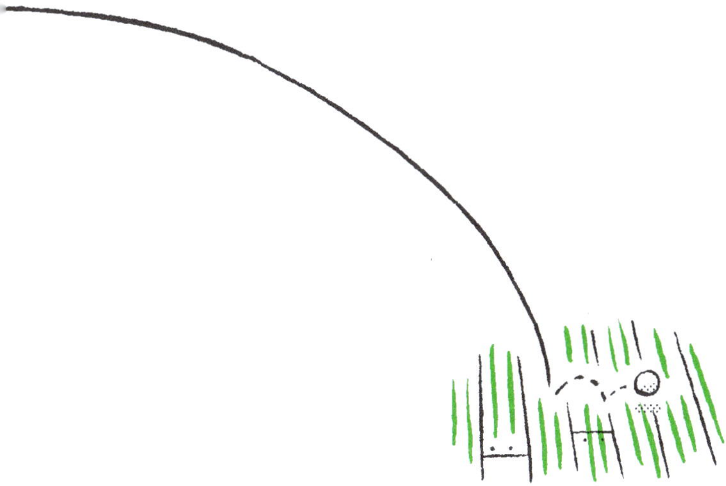

lernen kann«, sagt Hein beeindruckt. »Darum geht es also bei diesem Fach: Sachen zusammenrühren, damit am Ende andere wieder rauskommen?«

»Darum geht es auch beim Kochen«, sagt Rosa Griebenschmalz. »Aber in der Chemie kommen noch ein paar Dinge dazu. Da geht es darum, verschiedene Stoffe zu erkennen, sie zu verändern, sie zu trennen und sie wieder zu verbinden – na ja, wenn ich es so bedenke, geht es beim Kochen eigentlich auch um nichts anderes.«

»Aber die Sachen, die beim Kochen herauskommen, kann man essen«, sagt Bolle und schmatzt. »Das ist der große Vorteil gegenüber der Chemie.«

Ein lautes Knurren erfüllt den Raum. Bolle streichelt liebevoll über seinen Bauch.

»Wann ist der Kuchen denn endlich fertig? Können wir nicht schon mal ein bisschen was vom Teig probieren?«

»Hier, zum Überbrücken!« James hält Bolle einen Apfel hin. »Der macht nicht dick und ist voller Vitamine. Genau das Richtige für dich.«

»Na ja, besser als nichts«, sagt Bolle und beißt genüsslich in den Apfel.

Plötzlich schlägt sich Rosa Griebenschmalz mit der Pfote an die Stirn. »Beinahe hätte ich es vergessen. Ich hab doch schon vor ein paar Tagen etwas für euch vorbereitet ...«

Murmelnd verschwindet sie in ihrer Speisekammer und kommt mit einem Teller wieder, auf dem zwei Apfelhälften liegen. Eine davon ist ganz verschrumpelt und braun angelaufen. Die andere sieht noch relativ

frisch aus. »Tataaa«, triumphiert sie, »der mumifizierte Apfel!«

»Igitt.« Hein rümpft angewidert die Nase. »Was soll das denn sein? Ein Apfel im Sarkophag?«

»Unsinn«, sagt Rosa Griebenschmalz. »Ich erklär's euch. Diese beiden Apfelhälften liegen schon seit etwa einer Woche in meiner Speisekammer. Eine Hälfte habe ich behandelt, die andere nicht. Und alles, was ich dazu gebraucht habe, ist ein bisschen Backpulver. Auch das ist Chemie. Na? Kommt einer von euch Schweineschlauköpfen darauf, was hier passiert ist?«

Es klingt wirklich ein bisschen eklig, ist es aber gar nicht. Hast du eine Idee, was Rosa Griebenschmalz mit den Apfelhälften angestellt hat? **Auflösung auf Seite 82.**

So, aber jetzt müssen wir wirklich mit dem Kuchen weiterkommen. Sonst wird das heute nichts mehr. Was könnten wir wohl als Nächstes für den Teig brauchen, Bolle?«

»Zucker!«, ruft Bolle mit glänzenden Augen. »Jede Menge Zucker!«

»Gut. Und weiter, James?«

»Äh ... Eier vielleicht?«

»Richtig.« Rosa Griebenschmalz öffnet den Kühlschrank.

»Oje, da hat mein Mann mal wieder ein Riesendurcheinander angerichtet.« Sie deutet auf die Plastikeinsätze in der Kühlschranktür, die voller weißer Eier sind. »Er hat sie alle zusammengestellt – und jetzt weiß ich nicht mehr, welche welche sind.«

Bolle runzelt die Stirn. »Wieso? Ich denke, Hühnerei ist Hühnerei!«

»Nein, es gibt mindestens vier verschiedene Hühnereier: frische und verdorbene – und rohe und gekochte. Und dabei hatte ich sie doch so schön getrennt. Fällt euch etwas ein, wie man die Eier auseinanderhalten kann?«

»Wie man rohe von gekochten unterscheidet, das weiß ich«, sagt Hein. »Aber das mit den frischen und den verdorbenen ...« Hein kratzt sich völlig in Gedanken versunken am Kopf.

Wie würdest du denn die Eier unterscheiden, wenn man keines dabei zerbrechen darf? **Auflösung auf Seite 83.**

Ja schön«, sagt Rosa. »Aber ich habe euren Eltern ja versprochen, dass ihr auch etwas Theorie lernt. Ihr wisst doch, was das ist?«

»Klar! Das, was man nicht sieht, was nicht stinkt und was nicht kracht«, sagt Bolle und klingt dabei ein bisschen enttäuscht.

»Nicht so ganz, aber eine nette Idee. Und du, James?«

»Also theoretisch könnte ich dieses Ei ja fallen lassen, aber wenn ich es auch praktisch tue, dann ist es kaputt.«

»Auch nicht schlecht. Und du, Hein?«

»Theorie ist das, was erklärt, was dahintersteckt, wenn etwas passiert.«

»Gut. Praxis ist Handarbeit, Theorie ist Kopfarbeit – wenn das eine nicht stimmt, kann auch das andere nicht funktionieren – so einfach ist das. Und das können wir gleich mal praktisch ausprobieren und danach zusehen, ob wir auch eine Theorie dazu finden.«

Rosa nimmt zwei Gläser, füllt das eine mit Wasser und das andere mit einer farblosen Flüssigkeit aus einer Flasche. Dann schiebt sie die Gläser schnell hin und her und vertauscht sie, bis keines der Schweinchen mehr weiß, in welchem das Wasser ist.

»So. In dem einen Glas ist Wasser, in dem anderen Speiseöl. Und ihr sollt jetzt herauskriegen, in welchem Glas das Öl ist – aber ohne daran zu riechen oder davon zu kosten. Durchsichtig sind beide Flüssigkeiten, also bloß durch genaues Hinsehen geht es schon mal nicht.«

»Wir könnten was hineinwerfen«, schlägt James vor. »Brausepulver zum Beispiel.«

»Oh, das habe ich vergessen. Hineinwerfen ist auch verboten.«

Die drei Schweine sind ratlos.

»Ich werde euch helfen«, sagt Rosa. »Aber zuerst färben wir die eine Flüssigkeit mal ein.« Sie tropft etwas Kirschsaft in das eine Glas und rührt um. Jetzt ist die Flüssigkeit rosa. Dann schüttet sie beide Gläser in einen großen Glaskrug und wartet. Zuerst schwimmen rosa Blasen und durchsichtige Schlieren durcheinander, aber bald beruhigt sich das Gemisch, und im Krug sieht man zwei sauber voneinander getrennte Schichten – unten die rosafarbene, oben die farblose.

»Und nun?«, sagt Hein kopfschüttelnd. »Man weiß immer noch nicht, was Öl und was Wasser ist.«

»Oh, doch«, sagt Rosa

Griebenschmalz. »Und jetzt solltet ihr auch wissen, welche der beiden Flüssigkeiten ich eingefärbt habe.«

»Ah, jetzt weiß ich es!«, ruft Bolle plötzlich und klopft sich auf den Bauch.

Was hat Bolle nur auf die richtige Fährte gebracht? Und hast du auch eine Idee, wie man wissen kann, welche Flüssigkeit oben schwimmt und welche unten? **Auflösung auf Seite 85.**

Da habt ihr etwas Wichtiges gelernt. Etwas, das jeder Chemiker, aber auch jede Köchin wissen muss: Öl und Wasser mischen sich nicht. Das heißt, sie gehen keine dauerhafte Verbindung ein. Kurz lassen sie sich schon aneinanderkleben, etwa wenn man eine Salatsoße machen will. Hat jemand eine Ahnung, wie das geht?«

»Öl und Essig, Salz und Pfeffer, schütteln, fertig!«, sagt Bolle stolz. Wenn's ums Essen geht, kennt er sich aus!

»Na ja, ganz so einfach ist es nicht. Eine anständige Salatsoße macht man so ...«

Rezept für Salatsoße

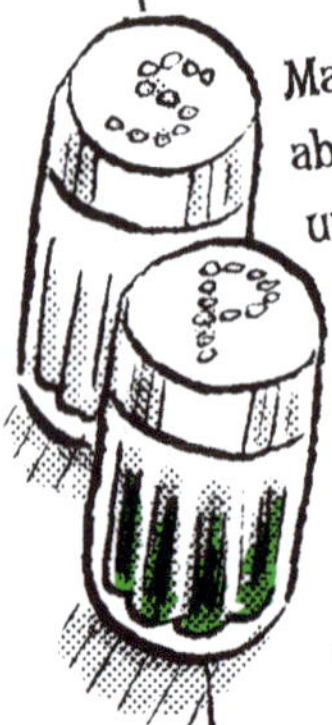

Man kann natürlich fast alles in eine Salatsoße rühren, aber grundsätzlich sollten es Essig (oder Zitronensaft) und Öl sein, dazu Salz und Pfeffer.

Und das ist die Reihenfolge:

1. Salz in Essig (oder Zitronensaft) lösen, denn in Öl löst sich Salz nicht auf.

2. Nun kann man Gewürze dazugeben – Pfeffer, Kräuter, scharfen Chili oder etwas Senf, sogar Marmelade oder Honig schmecken lecker in einer Salatsoße.
Wie jeder Chemiker oder Koch darf man experimentieren, bis man seine Lieblingszusammensetzung gefunden hat.

3. Jetzt kommt das Öl, das man langsam eintropfen lässt und mit einer Gabel oder einem Schneebesen kräftig verrührt, damit die Soße dick und sämig wird.
Man nimmt in etwa zwei- bis dreimal so viel Öl wie Essig, am besten gutes Olivenöl.

Aber auch wenn das gut schmeckt, ist das noch keine richtige Mischung. Der Chemiker würde sagen: keine stabile Verbindung. Wartet man lange genug, trennen sich Essig und Öl nämlich wieder. Aber es gibt einen Stoff, mit dem man Öl und andere Flüssigkeiten binden kann. So eine Art Kleber – und das ist das Ei.

Und was ist das Leckerste, was man aus Öl, Ei und einer Flüssigkeit wie Zitronensaft machen kann?«

Die Schweinebande ist ratlos.

»Mayonnaise«, sagt Rosa. »Köstliche Mayonnaise, in die man seine Pommes frites stippt. Aber nicht so ein Fertigzeug mit Geschmacksverstärkern und Stabilisatoren und all dem Quatsch.«

Bolle leckt sich genüsslich die Lippen. »Oh! Könnten wir dieses hochinteressante Experiment mal eben machen?«

»Nein«, sagt Rosa. »Wir müssen endlich mit dem Kuchen weiterkommen. Aber ich schreibe dir das Rezept auf, dann kannst du es zu Hause ausprobieren.«

»Wenn du Hilfe brauchst …«, bietet sich James an.

»Ich bringe die Fritten mit«, sagt Hein.

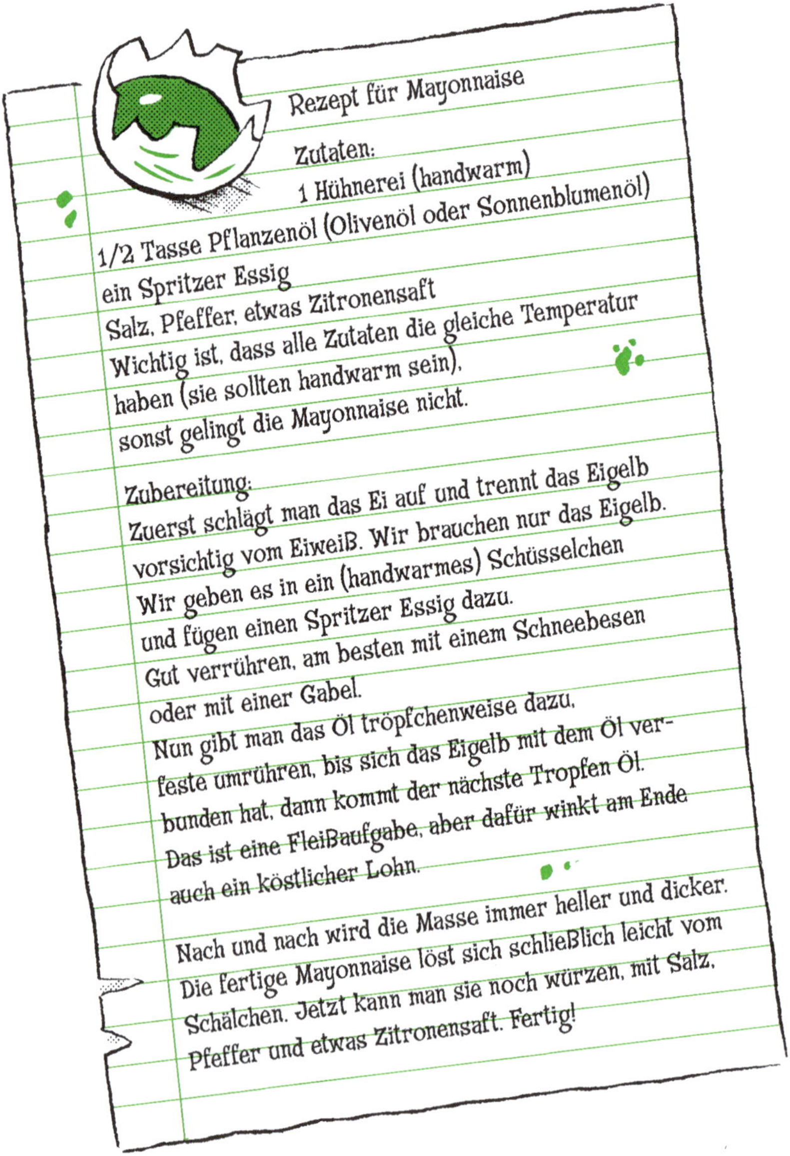

Fertige Mayonnaise kann man zwar in jedem Supermarkt kaufen, aber wer sie einmal selbst gemacht hat, weiß, dass es nichts Besseres gibt als die leckere weiße Soße aus dem eigenen Labor. Sie ist gelblicher als Fertigmayonnaise und meist nicht so süß, und nachdem nur gesunde Sachen dazu verwendet werden, kann man sagen – Mayo ist auch gesund. Hauptsache, man isst nicht zu viel davon!«, sagt Rosa Griebenschmalz und zwinkert Bolle zu. »Da die Mayonnaise mit frischen Eiern gemacht wird, ist sie natürlich nicht lange haltbar. Also denkt dran: Immer im Kühlschrank aufbewahren und spätestens am nächsten Tag aufbrauchen! Aber wisst ihr was?«, fragt Rosa Griebenschmalz, während sie den Kuchenteig umrührt, »aus der leckeren Grundmayonnaise kann man noch viel mehr machen. Mit etwas Senf zum Beispiel bekommt man eine prima Soße für Grillwürstchen. Wenn man Tomatenmark

hineinrührt, hat man die perfekte Pommes-frites-Mischung – und mit Knoblauch wird aus der Mayonnaise die berühmte Aioli-Sauce. Köstlich. Nur riecht man am nächsten Tag noch danach!«

Bei dem Gedanken an all diese Köstlichkeiten geraten Bolle, Hein und James plötzlich ins Träumen ...

So, jetzt ist der Teig schon fast fertig«, holt Rosa sie in die Wirklichkeit zurück. »Nur liegt er noch etwas schwerfällig und matt in seiner Schüssel. Damit wir einen lockeren Kuchen hinbekommen, brauchen wir noch etwas, das ihn von seiner Trägheit befreit. Hat jemand eine Idee?«

»Wir können ihn auseinanderziehen und in die Luft werfen«, sagt Bolle. »Das macht unser Pizzabäcker auch immer so.«

»Oder wir blasen ihn mit der Luftpumpe auf«, sagt Hein.

»So ein Blödsinn!«, sagt James.

»Gar kein Blödsinn«, sagt Rosa. »Kleine Luftbläschen im Teig wären wirklich das Beste, um einen lockeren Kuchen

hinzukriegen. Nur hilft uns da keine Luftpumpe. Dazu brauchen wir ...?«

»... Schämie!«, ruft Bolle.

»Genau. Ganz viele kleine Luftbläschen brauchen wir, die den Teig hochheben und schön locker machen.«

»Das schaffen doch die winzigen Luftbläschen nie«, ruft Bolle.

»Täusch dich da mal nicht. Ich kann euch gleich zeigen, welche Kraft in diesen kleinen Bläschen steckt.«

Rosa holt eine Flasche, füllt sie mit Wasser und wirft ein paar Rosinen hinein, die noch vom letzten Kuchenbacken übrig geblieben sind. Die Rosinen sinken auf den Boden der Flasche und bleiben dort liegen.

»Jetzt bräuchte man ein paar starke Taucher, die sie wieder hochholen. Hat jemand eine Idee, wer das sein könnte?«

Schweigen.

»Vielleicht versuchen wir es mal mit einer anderen Flüssigkeit.« Rosa holt eine Flasche Sprudel aus dem Kühlschrank.

»Na, was glaubt ihr, passiert, wenn ich die Rosinen hier reinwerfe?«

»Die gehen ganz genauso unter«, sagt Bolle. »Wasser ist Wasser.«

Wenn Bolle da mal nicht unrecht hat …
Was meinst du? Auflösung auf Seite 87.

Dieses Gas ist in der Tat ganz schön kräftig und kann nicht nur Rosinen vom Grund einer Wasserflasche holen, sondern sogar zähen Teig auflockern. Die drei Schweine sind beeindruckt. Nur, wie bekommt man das Gas dort hinein? Man kann ja schlecht Cola und Limo in den Teig schütten.

»Schon mal was von Backpulver gehört?«, fragt Rosa.

»Klar. Ich hab mich immer schon gefragt, was das wohl macht«, sagt Hein.

»Das kannst du gleich erleben. Backpulver hat nämlich ziemlich viel Kraft ... Wer hat Lust zu wetten?«

»Ich! Im Wetten schlägt mich keiner«, prahlt Hein und reibt sich schon siegessicher die Pfoten.

»Na, dann wird diese Aufgabe für dich ja bestimmt kein Problem sein«, sagt Rosa, während sie in einer Küchenschublade herumkramt und endlich findet, wonach sie gesucht hat. Sie hält einen roten Luftballon in die Höhe.

»Da ist er ja! Also, Hein, ich wette mit dir, dass ich diesen Luftballon mithilfe von etwas Backpulver und ohne einen einzigen Atemzug aufblasen kann.«

Heins Gesicht wird plötzlich so weiß wie das Mehl, das vorhin in Rosas Zitronenkuchen gelandet ist.

»Äh ...«, stammelt er ratlos.

»Na gut«, sagt Rosa, »ich gebe dir einen Tipp. Ganz ohne weitere Hilfsmittel schaffe ich das nämlich nicht. Was brauche ich wohl noch? Eine Flasche, ein bisschen Sprudel oder etwas Essig?«

Langsam kehrt Heins Gesichtsfarbe wieder zurück, denn er hat eine Idee.

Und du? Hast du auch eine Ahnung, wie Rosa den Luftballon aufblasen will? **Auflösung auf Seite 88.**

Hein ist sichtlich stolz. Er ist eben doch ein schlaues Schwein!

»Na, hab ich euch zu viel versprochen?«, fragt Rosa. »In so einem Päckchen Backpulver steckt eine Menge Kraft. Schaut her. Das wird euch sicherlich auch gefallen.«

Rosa kommt jetzt richtig in Fahrt. Sie nimmt eine leere

Flasche, schüttet ein Päckchen Backpulver hinein und stellt sie auf den Tisch. Dann gießt sie ein kleines Gläschen Essig (mit Zitronensaft funktioniert es übrigens auch) dazu und verstöpselt die Flasche schnell mit einem Korken. Das Backpulver beginnt zu schäumen, und plötzlich fliegt der Korken mit einem lauten PLOPP aus dem Flaschenhals – so wie bei den Sektflaschen, die die Schweineeltern immer an Silvester knallen lassen.

»Hey!«, ruft James begeistert. »Damit kann man doch bestimmt prima Unsinn machen!«

»Ja!«, kreischt Bolle. »Plopp-Gewehre zum Beispiel!«

»Großartig!«

»Prima Schämie!«

»Genau! Aber nun zurück zu unserem Kuchen«, ermahnt Rosa Griebenschmalz die drei Schweine. »Also kommt noch etwas Backpulver in den Teig. Und dann muss er ruhen.«

»Wird der Teig auch müde? So wie Papa immer sagt: Willst du tausend Schritte tun, musst du vorher kräftig ruhn.«

»Man sagt das eben so. Wenn der Teig ruht, entwickeln sich in seinem Inneren lauter kleine Gasbläschen, die ihn leicht und locker machen. Dieses Gas, CO_2, kann aber noch mehr. Es ist nämlich ein großartiger Feuerlöscher.«

»Wie soll denn ein Gas ein Feuer löschen können?«, fragt James skeptisch.

»Passt mal auf. Hier hab ich ein Teelicht. Das stelle ich auf den Boden eines weiten, nicht zu hohen Glases und schütte neben die Kerze zwei bis drei Päckchen Backpulver. Nun zünde ich die Kerze an und gieße danach vorsichtig etwas Essig neben die Kerze – nicht hinein! So, und jetzt wartet mal ab, was passiert.«

Und die drei Schweine warten, während sie gebannt auf die brennende Kerze starren ...

Was meinst du? Ob die Kerze tatsächlich ausgeht? Auflösung auf Seite 90.

Plötzlich schlägt sich Rosa wieder mit der Pfote an die Stirn. »Mein Gott, jetzt hab ich doch glatt vergessen, Zucker in den Teig zu tun!«

»Vor lauter Schämie!«, kreischt Hein.

»Na, das wäre ja was geworden. Es gibt nur eines, das schlimmer ist als kein Zucker im Kuchen, nämlich ...«

»Statt Zucker Salz im Kuchen«, sagt James, der Schlaukopf.

»Genau. Das ist mir tatsächlich mal passiert. Aber einmal und nie wieder. Wer weiß denn, wie man Salz und Zucker auseinanderhalten kann?«

»Babyleicht! Man leckt daran.«

»Man schaut auf die Packung.«

»Na gut, dann sagen wir mal, es gibt keine Packung, es liegt ein Häufchen auf einem Teller, man darf nicht daran lecken und es nicht anfassen. Na, ihr Schlauberger, jetzt kommt ihr!«

Und? Hast du eine Ahnung, wie man Salz von Zucker unterscheiden kann, ohne daran zu lecken? Auflösung auf Seite 92.

Ihr seht also, eine gute Köchin und ein guter Chemiker brauchen gute Augen. Vieles kann man schon mit genauem Hinsehen verstehen – aber eben nicht alles. Könnt ihr mir etwa sagen, in welches Glas ich Zucker und in welches ich Salz schütte?«

Frau Griebenschmalz stellt zwei gleich große Gläser auf den Küchentisch und füllt beide bis zum Rand mit Wasser. Dann löffelt sie aus zwei verschiedenen Dosen (die leider undurchsichtig sind und auch keinen Aufdruck tragen) einen Teelöffel weißes Pulver in das eine und einen in das andere Glas. Sie wartet, bis sich die winzigen Körnchen im Wasser auflösen, und – oh Wunder – keines der Gläser läuft über.

»Wie oft, glaubt ihr, kann ich noch mehr zulöffeln?«, fragt sie die Schweinebande.

»Vielleicht noch einen oder zwei Löffel«, rät Hein.

»Bestimmt nicht mehr«, sagt James.

»Und denkt ihr, es ist egal, ob ich Salz oder Zucker hineinstreue?«

»Klar«, sagt Bolle. »Ist doch immer der gleiche Haufen auf dem Löffel.«

Aber etwas Seltsames passiert. Von dem einen Pulver läuft tatsächlich nach ein paar Löffeln das Glas über, während Frau Griebenschmalz vom anderen Pulver – vorsichtig, vorsichtig – fast die vierfache Menge einstreuen kann, bis das Glas endlich überläuft.

»So, und nun kann auch jede gute Hausfrau sagen, in welchem Glas Zuckerwasser und in welchem Salzwasser ist. Und wie sieht es mit euch aus?«

»Können wir auch«, sagt Hein, tippt seine Pfote in ein Glas und leckt daran. »Bäh! Das ist mal ganz sicher Salzwasser.«

Aber ohne diesen Schweinetrick – wie kann man wissen, in welchem Glas sich Salz und in welchem sich Zucker befindet? **Auflösung auf Seite 94.**

»Na, ein wenig wisst ihr jetzt schon über unsere wichtigsten Gewürze, Salz und Zucker. Aber wer kann mir sagen, wo Salz eigentlich herkommt?«

»Aus der Packung«, sagt James, der alte Scherzkeks. »Und die kauft man bei Trudis Feinkostladen.«

»Ach was! Es gibt Salzbergwerke, da wird das Salz unter Tage abgebaut – so wie Kohle oder Gold. Eine Schweinearbeit!«, sagt Hein.

»Unsinn«, sagt Bolle. »Das Meer ist doch voll salzig. Man muss nur das Meerwasser trocknen, dann hat man Salz. Ganz einfach.«

Tja, wer von den dreien hat nun recht? Woher kommt das Salz? **Auflösung auf Seite 95.**

Rosa Griebenschmalz lässt die drei Schweinchen experimentieren. Dazu füllt sie drei Gläser mit Wasser und rührt in jedes ordentlich viel Salz hinein, bis sich alles aufgelöst hat.

»So, nun seht mal zu, wie ihr das Salz wieder aus dem Wasser bekommt. Ich rühre inzwischen die Glasur für den Kuchen zusammen.«

»Dürfen wir alles benutzen, was wir in der Küche finden?«, fragt James.

»Klar. Nur mein Lieblingsgeschirr mit dem Blümchenmuster nicht!«

Schon stürzen die drei los. James holt sich ein Sieb und legt es dick mit Filterpapier für die Kaffeemaschine aus. Dann gießt er vorsichtig sein Glas Salzwasser hinein.

Hein hat sich etwas anderes ausgedacht. Er gießt sein Glas Salzwasser vorsichtig in eine Bratpfanne und stellt sie auf den Herd. Dann dreht er die Kochplatte auf volle Pulle. Nur Bolle bleibt ganz ruhig vor seinem Glas sitzen und betrachtet es versonnen.

»Na, Dicker«, sagt Hein. »Willst du nicht auch mal was machen? Es heißt experimentieren, nicht meditieren!«

»Ich warte«, sagt Bolle. »Irgendwann setzt sich das Salz ganz von selbst am Boden ab. Dann trinke ich das saubere Wasser vorsichtig ab und SCHWUPS – schon ist das Salz wieder da!«

Ob das wohl funktioniert? Und meinst du, dass es überhaupt bei einem der drei Schweinechemiker klappt?
Auflösung auf Seite 96.

Ja, das ist ein kleines Wunder: Etwas, das vorher verschwunden war, erscheint plötzlich wieder«, sagt Rosa Griebenschmalz. »Deshalb haben die Menschen die Chemiker früher auch für Zauberer gehalten.«

»Die Schweine auch?«, fragt Hein.

»Nein. Wir Schweine wussten schon immer, dass Wissenschaft keine Zauberei ist. Aber für euch habe ich noch ein spannendes Experiment, das ihr später zu Hause machen könnt, weil es nämlich ziemlich lange dauert. Vielleicht kommt ihr ja schon durch Nachdenken drauf, was passiert.«

Sie stellt zwei Gläser mit Wasser eine Handbreit nebeneinander auf den Tisch, schüttet in beide reichlich Salz – so eine gute Kaffeetasse voll – und tunkt das Ende eines Wollfadens in das eine Glas. Dann spannt sie den Faden bis zum zweiten Glas und versenkt das andere Ende des Fadens im Salzwasser.

»So. Was wird nun wohl passieren, wenn wir ein bis zwei Tage abwarten?«

Die Mitglieder der Schweinebande denken angestrengt nach. Man kann fast hören, wie die kleinen Gehirnzellen auf Hochtouren arbeiten.

Hein sagt: »Der Wollfaden löst sich im Salzwasser auf.«

Bolle sagt: »Der Faden saugt sich voll und fällt runter.«

James sagt: »Es gibt auf jeden Fall eine Riesensauerei!«

Was passiert denn nun wirklich?
Auflösung auf Seite 96.

So, was man alles mit Salz machen kann, das wisst ihr jetzt, auch wo das Salz herkommt – aber wo kommt der Zucker her?«, fragt Rosa. »Denn wie ich euch Schleckermäuler kenne, interessiert ihr euch doch viel mehr für Süßes als für Salziges.«

James sagt: »Aus dem Zuckerstreuer kommt der Zucker.«

Die anderen verdrehen die Augen. Schon wieder so ein Sparwitz.

»Aus der Zuckerrübe«, sagt Hein.

»Aus dem Zuckerrohr«, sagt Bolle.

»Ihr habt beide recht. Doch das mit dem Zucker ist ein kleines bisschen komplizierter als mit dem Salz. Zucker ist der Sammelbegriff für alle süß schmeckenden Saccharide, und die kommen in der Natur hauptsächlich in zwei

Pflanzen vor: in der Zuckerrübe, die fast überall auf der Welt wächst – und im Zuckerrohr, das nur in tropischen Breiten gedeiht. Beide Früchte werden gepresst und eingekocht, und wenn die Flüssigkeit verdampft ist, bleibt der Zucker übrig. Aber wenn man ihn endlich mal hat, kann man wunderschöne Sachen mit ihm machen. Was mit Salz geht, geht übrigens auch mit Zucker. Nur sieht das viel schöner aus und schmeckt besser. Zum Beispiel kann man Zuckerstäbchen machen.«

Rosa Griebenschmalz rührt in einem Topf eine Zuckerlösung mit warmem Wasser an. Das macht sie, weil sich in warmer Flüssigkeit mehr Zucker löst als in kalter. Als sich kein Zucker mehr löst, kocht sie die Mischung kurz auf und schüttet sie in ein hohes Glas. Quer über den Rand legt sie ein Holzstäbchen, und an dem befestigt sie ein zweites, das in das Zuckerwasser eintaucht, den Boden des Glases jedoch nicht berührt.

»So, das lassen wir jetzt bis morgen stehen. Und wenn ihr dasselbe zu Hause macht, garantiere ich euch eine schöne Überraschung.«

Welche Überraschung erwartet die Schweine wohl am nächsten Tag?
Auflösung auf Seite 97.

Schon wieder grummelt es laut.

»Wenn wir noch weiter von Süßigkeiten und anderen leckeren Sachen reden, drehe ich echt durch«, jammert Bolle.

Endlich hat Rosa Griebenschmalz Mitleid mit ihm. »Schau doch mal im Regal dort drüben nach. Da müsste noch eine Tüte mit Gummibärchen liegen.«

Es raschelt. »Gefunden!«, jubelt Bolle, und schon hört man es schmatzen. »Aber was ist das denn?«

Rosa Griebenschmalz dreht sich um und sieht, wie Bolle ein Wasserglas mit einem Riesengummibären in die Höhe hält.

»Ach, das habe ich glatt vergessen wegzuräumen«, sagt Rosa. »Der ist mir gestern versehentlich da reingefallen.«

»Sieht ja irre aus«, staunt Hein. »Ist das eine optische Täuschung?«

Hat Hein recht mit seiner Vermutung? Sieht das Gummibärchen im Wasser einfach nur so aus, als wäre es größer? Auflösung auf Seite 100.

Ein guter Chemiker muss übrigens auch ein guter Koch sein«, sagt Rosa Griebenschmalz, »und umgekehrt. Er braucht nämlich ein gutes Auge, eine feine Nase und eine empfindliche Zunge. Sonst kann er manche Stoffe gar nicht auseinanderhalten. Wenn etwas nicht gerade giftig ist, kann man es nämlich gut am Geschmack erkennen. So wie Salz und Zucker.«

»Oder wie Schlagsahne und Rasierschaum«, sagt Bolle.

»Ja, das alles kann unsere Zunge. Auf der gibt es für jeden Geschmack eine Region, in der wir ihn wahrnehmen. Nun frage ich euch: Wie viele verschiedene Geschmäcker gibt es eigentlich?«

Auch da kann Bolle helfen: »Ganz einfach – es gibt Schoko, Vanille, Nuss, Erdbeer, Himbeer, Banane ...«

»... nicht zu vergessen: Stracciatella und Nougat«, sagt James, denn das sind seine Lieblingseissorten.

»Ihr alten verfressenen Dummköpfe«, unterbricht Hein

die beiden. »Sie meint doch etwas ganz anderes. Also, es gibt süß, sauer, mittelscharf und sehr scharf, eklig und schleimig ...«

Nein, auch das hat Rosa Griebenschmalz nicht gemeint. Was glaubst du denn: Wie viele Geschmäcker erkennt unsere Zunge? Auflösung auf Seite 101.

Ihr seht also, die Geschmäcker haben nichts mit Eissorten zu tun«, sagt Rosa Griebenschmalz. »Es geht um unsere Grundgeschmäcker, und neben süß ist sauer eben ein ganz wichtiger Geschmack. Säure ist sauer, und diese Säure ist sowohl beim Kochen als auch in der Chemie enorm wichtig. Wer von euch kennt eine Säure?«

»Zitronensaft«, ruft James.

»Essig«, sagt Hein.

»Sauerkrautsaft«, sagt Bolle und schüttelt sich bei dem Gedanken daran.

»Und wie kriegt man raus, ob eine Flüssigkeit eine Säure ist?«, fragt Rosa.

»Finger rein und ablecken«, sagt Bolle. »Ganz einfach.«

»Das geht vielleicht bei Zitronensaft und Essig, aber es gibt ein paar Säuren, da sollte man lieber nicht die Finger reinstecken – und sie abschlecken schon gar nicht. Einige Säuren sind so stark, dass sie sogar Metall auflösen können. Aber dafür haben wir Schweine uns einen schlauen Nachweis ausgedacht.«

Sie hält eine rotblaue Kugel hoch, so groß wie Bolles Kopf. »Wer weiß, was das ist?«

»Bäh!«, sagt Bolle. »Das ist so'n grässliches Kraut, das meine Oma immer kocht. Die ganze Küche stinkt danach, und dann muss man es auch noch mit Lorbeer und Preiselbeeren essen.«

»Quatsch!«, sagt Hein. »Das ist Rotkohl.«

»Stimmt nicht!«, sagt James. »Es heißt Blaukraut.«

»Ihr habt beide recht. Und es ist kein Zufall, dass dieses

Gemüse einmal einen roten und einmal einen blauen Namen hat. Dieser Kohl kann uns nämlich verraten, ob wir es mit einer Säure zu tun haben oder ...«

»... oder mit einer Süßen!«, ruft Bolle.

»Nein. In der Chemie ist das Gegenteil von sauer nicht süß, sondern basisch, und das ist ziemlich ätzend. Man nennt es auch Lauge. Kennt ihr bestimmt vom Waschtag. Seifenlauge brennt ein bisschen in den Augen, aber es gibt auch Laugen oder Basen, die sind so stark, dass sie sogar die empfindliche Schweinehaut angreifen. Also: Vorsicht bei Säuren und Laugen!«

»Aha!«, sagt Hein. »Und dieser Blau...Rotkohl weiß also, ob etwas eine Säure oder eine Lauge ist. Wie macht er das nur?«

Hein hat keine Ahnung, wie das funktionieren soll. Du vielleicht? Wie der Kohl das macht und wie du es nachmachen kannst, kannst du auf Seite 103 nachlesen.

»Wozu braucht man diese Säuren und Laugen eigentlich?«, fragt Hein.

»Na, eine Lauge braucht man zum Beispiel zum Saubermachen. Damit kann man Fett lösen. Mit einer Säure kann man Sachen auflösen, etwa Rost. Dann kommt wieder das blanke Eisen zum Vorschein. Ein grün angelaufener Kupfercent wird wieder glänzend, wenn man ihn in Essig legt, eine verrostete Schraube wird glatt und glänzend, wenn man sie in Salzsäure legt. Aber man kann noch andere lustige Experimente damit machen. Legt doch mal ein hart gekochtes Ei in Essig und wartet. Und während wir warten, könnt ihr euch überlegen, was da wohl passieren wird.«

Und bevor du weiterblätterst, mach dir doch lieber auch erst mal ein paar Gedanken dazu. **Auflösung auf Seite 105.**

He, Moment!«, ruft Hein. »Diese Blume war doch weiß, als ich in die Küche kam. Das weiß ich genau. Jetzt ist sie rot. Das ist doch Zauberei!«

Bolle grinst. »Vielleicht hat sie sich so geärgert, weil ich ihr den Rest Rotkohlsaft in die Vase gegossen habe.«

Rosa Griebenschmalz lacht. »Nein. Geärgert hat sie sich bestimmt nicht. Aber im Prinzip hast du recht. Sie hat das farbige Wasser einfach getrunken und in ihr weißes Blütenkleid den roten Farbstoff einfließen lassen. Das ist auch so etwas, das in der Küche wie in der Chemie vorkommt: Farben und wie sie sich verändern. Und unsere schönsten Farben sind Naturfarben. Denkt nur daran, wie schlecht der Saft von Rote Bete wieder weggeht.«

»Davon kann ich ein Lied singen«, seufzt Bolle. »Und ausgerechnet mein neuer Pullover war daran beteiligt.«

»Mit Naturfarben kann man zum Beispiel Ostereier färben. Dauert zwar etwas länger als mit den künstlichen Farben, aber es sieht viel hübscher aus«, sagt Rosa Griebenschmalz. »Ostereier färbt der Schweinechemiker natürlich nicht mit fertigen Farben. Er macht alles selbst. Ob ihr die Eier ausblast oder hart gekochte färbt – vorher müsst ihr sie immer mit Essigwasser reinigen, damit sie die Farbe besser annehmen. Die Eier von frei laufenden Hühnern haben übrigens meist dickere und kräftigere Schalen und sind deshalb zum Färben besser geeignet. Und ihr glaubt gar nicht, was ihr so alles in der Küche und in der Natur findet, um daraus Farben herzustellen. Ihr könnt alles Mögliche nehmen: Rote Bete, Rotkohl, Karotten, Kaffee, Tee ...«

Wie genau du das machst und was du brauchst, um welche Farbe herzustellen, kannst du auf Seite 106 nachlesen.

James hat noch ein paar weiße Nelken in einer Vase am Fenster erspäht. »Lasst uns Blumen färben«, ruft er begeistert. »Das könnte ein neues Hobby von mir werden.«

»Dazu gibt es noch ein Experiment«, sagt Rosa Griebenschmalz.

Sie nimmt eine Nelke aus der Vase und schneidet mit einem scharfen Messer vorsichtig den Stiel der Länge nach auf, sodass die Blume jetzt zwei Stiele zu haben scheint. Dann stellt sie zwei hohe Wassergläser nebeneinander und steckt die Blume so hinein, dass jeweils ein halber Stängel im linken und einer im rechten Glas steht. Danach füllt sie die Gläser mit farbigem Wasser – links mit rotem, rechts mit blauem.

»Und jetzt macht euch mal Gedanken, was da passiert!«, fordert Rosa Griebenschmalz die Schweinebande auf und guckt in drei ratlose Gesichter.

Und? Bist du genauso ratlos wie die drei Schweine, oder hast du eine Idee, was da passieren wird? Auflösung auf Seite 108.

Farben sind etwas Herrliches, aber hättet ihr gedacht, dass sich in der Farbe Schwarz ganz viele andere Farben verbergen? Sogar in einem solchen harmlosen schwarzen Punkt.«

Rosa Griebenschmalz macht mit einem schwarzen Filzschreiber einen dicken Punkt auf ein Stück Papier.

»Schwarz ist doch gleich Schwarz. Wie sollen sich darin andere Farben verstecken? Das glaub ich nicht!«, ruft Hein.

»Na gut, damit ihr es besser seht, male ich den Punkt noch mal, diesmal auf ein Stück Filterpapier. So eines, in das man das Kaffeepulver füllt.«

Dann tupft Rosa Griebenschmalz mit dem kleinen Finger vorsichtig einen Tropfen Wasser mitten auf den schwarzen Punkt. Das Filterpapier saugt sich voll, und der Punkt beginnt plötzlich in alle Richtungen zu verlaufen.

»Das gibt es doch nicht!«, rufen die drei Schweine wie aus einem Mund.

Was ist passiert? Zauberei? Oder doch wieder Chemie? **Auflösung auf Seite 109.**

So, jetzt ist auch der Zitronenkuchen endlich fertig!«, sagt Rosa Griebenschmalz erschöpft. Denn in den letzten Minuten haben die drei Schweine voller Begeisterung so ziemlich alle Gläser und Tassen mit Wasser gefüllt, alle Filterpapiere mit Filzschreiber vollgemalt und mit Wasser betropft. Die Küche ist ein einziges Chaos.

Bolle färbt alle Blumen um, James bepinselt Eier mit Essig und Hein experimentiert mit Salz und Zucker. Was wohl dabei herauskommt, wenn man ebenso viel Salz wie Zucker in Wasser auflöst? Schmeckt es dann nach gar nichts? Oder mehr nach Salz? Muss man alles ausprobieren!

Wie schmeckt das Wasser wohl? Süß, sauer oder neutral? **Auflösung auf Seite 111.**

nf.

P
S

Rosa Griebenschmalz seufzt.

»Schluss, aus, ihr verrückten Schweine! Jeder kriegt ein Viertel Kuchen, aber dann ab durch die Mitte. Ich werde wahrscheinlich den ganzen Nachmittag brauchen, um mein Labor – äh, meine Küche wieder sauber zu kriegen.«

Die drei Schweine lassen sich das nicht zweimal sagen. Jeder schnappt sich ein Stück warmen Zitronenkuchen und verabschiedet sich von Rosa.

»Astreine Vorstellung!«, ruft James. »Ich sag nie wieder was gegen Schämie!«

»Wieder was gelernt«, sagt Bolle. »Und das Beste ist, dass man das meiste, was man hier lernt, auch essen kann. So muss Schweinebildung sein!«

»Gratuliere!«, sagt Hein. »Sie sind die beste Chemielehrerin, die uns je untergekommen ist.«

»Ich war auch die erste und einzige«, stöhnt Rosa. Und insgeheim denkt sie: Und es war bestimmt das letzte Mal!

Ein Rezept hat Rosa Griebenschmalz aber noch in ihrer Schublade: Bolles Lieblingsrezept – Schweineohren à la Schweinebande.

Rezept für Schweineohren

Zutaten:
- 1 Päckchen tief gekühlter Blätterteig
- 100 g Zucker
- Wasser

Bolles Lieblingsrezept geht ganz einfach, das bekommt selbst Bolle hin:
Blätterteig oben mit Wasser bestreichen und großzügig mit Zucker bestreuen.
Dann von beiden Seiten her einrollen (siehe Zeichnung).

Anschließend mit einem scharfen Messer in dünne Scheiben (1/2 Zentimeter) schneiden.
Auf ein mit Backpapier ausgelegtes Backblech legen, noch mal mit Zucker bestreuen und im Backofen bei 180° etwa 10 Minuten backen.
Köstlich!

AUF-
LÖ-
SUN-
GEN

Auflösung von Seite 20:

Und? Wie würdest du mit einer Plastikdose und einer Glasmurmel Butter herstellen?

Bevor es dazu die Lösung gibt, zuerst mal die einfachere Variante: Man gießt den Rahm (Schlagsahne mit möglichst hohem Fettgehalt, also etwa 35 %) in eine Plastikschüssel und quirlt sie mit einem elektrischen Rührgerät auf höchster Stufe, bis sie steif wird, dann schaltet man zurück auf die niedrigste Stufe und rührt weiter. Nach und nach entstehen Klumpen und trennen sich von einer blassen, dünnen Flüssigkeit (Buttermilch, kann man trinken!). Die Butterklumpen sammelt man in einem Leinentuch und presst die restliche Flüssigkeit heraus. Und schon hat man Butter gewonnen!

Mit der Plastikdose und der Glasmurmel ist es etwas anstrengender, aber eine gute Übung für die Armmuskulatur. (Besser als jedes Fitnessstudio!) Man füllt die Dose zur Hälfte mit Rahm, wirft die Glaskugel dazu, verschließt die Dose sorgfältig und beginnt sie kräftig zu schütteln.

Mach am besten alle zwei bis drei Minuten eine kleine

Pause (das tut auch den Armen gut) – und schon nach einer Viertelstunde hast du die ersten Butterklümpchen. Die Flüssigkeit abschütten, Klümpchen zusammenkneten und in den Kühlschrank legen. Aber was ist hier eigentlich passiert?

Rahm ist eine Mischung aus Fett und Wasser, das nennt man eine Emulsion. Fett und Wasser mischen sich nie, gehen also keine feste Verbindung ein. Im Rahm schweben winzige Fetttröpfchen im Wasser, die man allerdings trennen kann, wenn man sie nur lange und ausdauernd genug schlägt und schüttelt. Das Fett klumpt zusammen und wird zu Butter, der Rest ist Buttermilch.

Rosas Tipp: Die Butter mit etwas Salz mischen, in den Kühlschrank stellen – dann aufs Brot streichen. Herrlich! Findet übrigens auch Bolle.

Auflösung von Seite 23:

Klebstoff aus Milch herzustellen ist tatsächlich nicht ganz einfach, aber der schlaue Hein hat eine gute Idee. Zuerst erhitzt er die Milch in einem Topf, bis sie kocht. (Bitte hier deine Eltern um Hilfe.) Dann gießt er etwas Essig dazu und rührt gut um. Die Milch beginnt, in weißen Flocken zu gerinnen. Der Rest ist Glückssache.

Hein siebt die weißen Flocken heraus und schüttet die Flüssigkeit weg. Die Flocken spült er gründlich mit kaltem Wasser ab. Dann gibt er sie in ein Glas, schüttet etwas Wasser und etwas Backpulver dazu – einfach so frei Schnauze, was Schweine besonders gerne machen.

Und er hat den richtigen Riecher! Daher ja auch das Wort Experiment: Man probiert einfach herum, bis etwas passiert. Und manchmal passiert dann sogar das, was man gehofft hat.

Zurück zu unserem Klebstoff-Experiment: Hein rührt die Flocken mit dem Wasser und dem Backpulver gut um, bis keine Gasblasen mehr entstehen. Am Schluss bleibt eine weiße Masse im Glas zurück, die sich verdammt klebrig anfühlt. Was ist passiert?

Hein hat ganz durch Zufall den ältesten Klebstoff der Menschheit gefunden, na ja, *wieder*gefunden. Das Kasein. (Das spricht sich übrigens so aus: Kase-in.) Diesmal geht es nicht um das Fett in der Milch, sondern um das Eiweiß, und das gerinnt, wenn es mit Essig in Berührung kommt, und flockt als weiße Masse aus.

Wenn man nun noch mit Backpulver (das zu einem großen Teil aus Natriumhydrogencarbonat oder Natron besteht, falls das jemanden interessieren sollte) den überflüssigen Essig vernichtet, bleibt das klebrige Kasein zurück, mit dem man Papier und sogar Holz zusammenkleben kann. Und die Finger übrigens auch ...

Auflösung von Seite 25:

Eigentlich ganz einfach, aber man muss erst mal draufkommen. Man schreibt mit einem dünnen Pinsel, den man in Milch getaucht hat, seine Botschaft auf ein weißes Blatt Papier. Kaum ist die Milch getrocknet, ist die Schrift verschwunden. Aber wie kann man sie wieder sichtbar machen?

Bolle hatte mit seinem Vorschlag schon eine gute Idee. Tatsächlich wird genau wie beim Zitronensaft auch bei der Milch die Schrift braun und damit wieder lesbar, wenn man sie erhitzt. Aber wenn das Blatt Papier weiß bleiben soll, muss man sich anders behelfen. Und das geht mit Pfeffer, und zwar so: Man streut fein gemahlenen Pfeffer auf das Blatt, schüttelt es hin und her – und tatsächlich, dadurch wird die Schrift wieder sichtbar.

Die Flüssigkeit ist verdunstet, und auf dem Papier sind nur noch Fett und Eiweiß zurückgeblieben. Letzteres ist ziemlich klebrig, wie Bolle gerade an seinen eigenen Pfoten hat feststellen müssen. Die feinen Pfefferkörnchen bleiben daran kleben und zeichnen die Schrift nach.

Auflösung von Seite 29:

Diesen Trick kannten schon die alten Ägypter!

Rosa Griebenschmalz hat eine Apfelhälfte in Backpulver gewälzt und die andere nicht. Beide hat sie für etwa eine Woche offen liegen lassen, wobei sie das Backpulver in regelmäßigen Abständen erneuert hat.

Was ist passiert? Backpulver besteht aus Natron, das dem Obst die Flüssigkeit entzieht. Während die eine Apfelscheibe

schon nach wenigen Tagen ziemlich eklig aussieht und langsam verrottet, wird die andere fachgerecht getrocknet und damit fast unbegrenzt haltbar.
So haben es auch früher die Ägypter mit ihren Toten gemacht: Sie legten sie in Natron ein und mumifizierten sie so für die Ewigkeit. Ganz schön clever, was?

Auflösung von Seite 31:

Zuerst wollen wir sehen, welches Ei roh und welches hart gekocht ist. Leg dazu das Ei auf einen Tisch und bring es in eine schnelle Drehung. Flitzt es sauber um seine eigene Achse, dann ist es ganz bestimmt gekocht. Nur Eier, die im wahrsten Sinn des Wortes »rumeiern«, sich also langsam und behäbig drehen und keinen sauberen Kreis hinkriegen, die sind roh. Denn die beiden Flüssigkeiten im Ei (Eigelb und Eiweiß) behindern sich gegenseitig und bremsen sich, während ein hartes Ei stabil wie ein Kreisel rotiert. So kann man erst mal rohe und gekochte Eier auseinanderhalten.
Aber wie findet man unter den rohen Eiern die frischen heraus? Jedes Ei hat einen Luftsack, der im Lauf der Zeit

immer größer wird, weil Wasser aus dem Inneren durch die Schale hindurch verdunstet. Je frischer ein Ei ist, umso kleiner ist also diese Luftblase. Legt man nun ein Ei vorsichtig in einen Krug mit Wasser, dann kann Folgendes passieren:

Variante 1: Das Ei geht komplett unter und liegt flach am Boden – dann ist es ganz frisch.

Variante 2: Es liegt zwar am Boden, aber die Spitze zeigt leicht nach oben – dann ist es einige Tage alt.

Variante 3: Es steht senkrecht im Wasser – dann ist es zwei bis drei Wochen alt und sollte so bald wie möglich verbraucht werden.

Variante 4: Schwimmt das Ei sogar an der Oberfläche, und das stumpfe Ende mit der Luftblase ragt aus dem Wasser, dann ist es gut zwei Monate alt und nicht mehr genießbar.

Es ist also ganz einfach: Je mehr Luft im Ei, desto größer der Auftrieb, also die Kraft, die das Ei im Wasser nach oben hebt.

Rosa Griebenschmalaz macht mit allen Eiern den Test, und tatsächlich ist nur ein einziges Ei schlecht. Zum Beweis schlägt sie es in eine Tasse auf und lässt die Schweinebande daran riechen.

»Bäh! Riecht nach faulen Eiern!«, ruft Bolle und hält sich die Schnauze zu.

»Es ist auch ein faules Ei«, sagt Rosa grinsend. »Ein oberfaules!«

Auflösung von Seite 35:

Ja, das ist Bolle gerade noch eingefallen, und zwar weil er ein kleines Dickerchen ist, das von seinen Schwestern gerne gehänselt wird. Vor allem, wenn er ins Schwimmbad geht.

»Keine Sorge, Brüderchen«, kreischen die beiden dann, »Fett schwimmt oben, du kannst also gar nicht untergehen.«

Fett schwimmt oben – und Öl eben auch. Das kann man bei jeder Hühnersuppe sehen, bei der die Fettaugen auf der Oberfläche schwimmen. Das kann man leider auch bei jedem Tankerunglück sehen, wenn nämlich das Erdöl in dicken Schlieren auf dem Meer schwimmt.

Und tatsächlich vermischen sich Wasser und Öl nicht, jedenfalls nicht dauerhaft – gibt man ihnen etwas Zeit, trennen sie sich wieder. In unserem Fall ist das Wasser also rosa und das Öl farblos, weil die farblose Schicht oben schwimmt. In der Chemie ist es so: Was sich ähnlich ist, verbindet sich gerne. Wasser und Öl sind sich nicht ähnlich. Die mögen sich nicht, verbinden sich also auch nicht.

Einen schönen Versuch kann man machen, wenn man ein Glas zur Hälfte mit klarem Speiseöl füllt, zur anderen mit Wasser. Anschließend wartet man einige Zeit, bis sich die beiden Flüssigkeiten getrennt haben, dann tropft man etwas Tinte hinein. Was passiert? Der Tropfen verteilt sich zuerst, dann zieht er sich wieder zusammen und sinkt als kleine Kugel ganz langsam hinunter ins Wasser, wo er sich auflöst. Die Tinte ist also dem Wasser viel ähnlicher als dem Öl.

Auflösung von Seite 42:

Tatsächlich gehen die Rosinen in der Sprudelfasche nicht unter. Kleine Gasbläschen heften sich daran, bringen sie zum Tanzen und ziehen sie mit hinauf an die Oberfläche. Dort platzen die Gasbläschen, und die Rosinen (es geht auch mit Maiskörnern oder Erbsen) sinken wieder hinab.

Die kleinen Gasbläschen bestehen aus CO_2, Kohlendioxid, einem Gas, das wir selbst erzeugen und ausatmen – Schweine natürlich auch. Man findet dieses Gas in fast allen Erfrischungsgetränken, und es ist auch dafür verantwortlich, dass der Strohhalm, den man in sein Glas Limo oder Cola steckt, nach und nach in die Höhe wandert. Die Gasbläschen heften sich nämlich an seine Oberfläche und heben ihn langsam in die Höhe.

Auflösung von Seite 44:

Wer auf die Schnelle mal eine richtig wilde Gasentwicklung miterleben will, der muss nur Backpulver mit Essig mischen. Da geht die Post ab! Das weiß auch Hein, dem nach Rosas Tipp natürlich sofort klar ist, welche Dinge er für dieses Experiment noch braucht: die Flasche und den Essig.

Und das Experiment (für das du auch wieder deine Eltern um Hilfe bitten solltest) geht so: Hein füllt ein Päckchen Backpulver in eine leere Flasche, gießt etwas Essig (etwa 1 bis 2 cm Füllhöhe) darauf und stülpt schnell einen Luftballon über die Flaschenöffnung. Was passiert?

Das Backpulver und der Essig reagieren sofort heftig miteinander. Das sieht man daran, dass es stark zu schäumen beginnt. Und nach kurzer Zeit bläst sich der Ballon wie von Geisterhand auf.

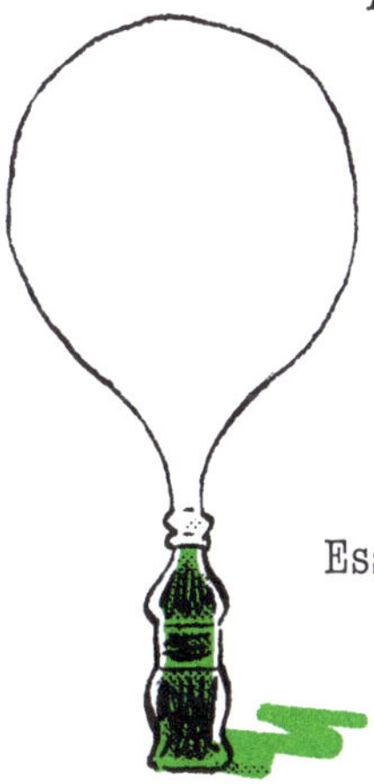

Aber dahinter steckt natürlich weder ein Geist noch Zauberei, sondern reine Chemie. Der Ballon füllt sich nämlich mit Gas, genauer gesagt mit Kohlendioxid, das bei der Reaktion von Essig mit Backpulver entsteht.

Beim Backen macht man sich diese Eigenschaft von Backpulver und einer Säure wie Essig oder Zitronensaft zunutze. Das CO_2-Gas bläst den zähen Teig durch kleine Bläschen auf. So entstehen Hohlräume, und der Kuchen schmeckt am Ende schön leicht und locker.

Manche Schweineköchinnen (und menschliche natürlich auch) nehmen statt des Backpulvers Hefe, die sie mit Zucker und Wasser mischen und erwärmen. In der Hefe sind es kleine Pilze, die für den richtigen Auftrieb sorgen.

Und zwar dadurch, dass sie den Zucker fressen und Kohlendioxid ausstoßen.

Auflösung von Seite 47:

Tatsächlich. Wie durch Zauberei wird die Kerze nach einer Weile von selbst verlöschen. Na ja, vielleicht nicht ganz von selbst ... Das Kohlendioxid, das bei der Reaktion vom Backpulver mit dem Essig entsteht, erstickt die Flamme sozusagen. Und zwar dadurch, dass es den Sauerstoff aus der Luft, den jede Flamme braucht, um zu brennen, mehr und mehr verdrängt.

Ein anderes Gas, das harmlos ist und das wir auch weder sehen noch riechen können, ist das Ethylen, das man auch Reifegas nennt. Äpfel »atmen« es aus, und man kann ein einfaches Experiment machen, um nachzuweisen, dass es tatsächlich wirkt.

Leg auf einen Teller eine Banane neben ein paar Äpfel und eine andere Banane (die ebenso reif ist wie die erste, also am besten ganz gelb) entfernt davon auf einen anderen Teller. Nach einem Tag ist die einsame Banane immer noch schön gelb, während die andere schon die ersten bräunlichen Verfärbungen zeigt. Wer also nicht will, dass sein Obst schneller reift, lässt die Äpfel aus der Obstschale lieber weg.

Bolle kennt übrigens noch ein Gas, er nennt es Furzgas – und das riecht bei Schweinen wie bei Menschen ziemlich gleich: eklig und nach faulen Eiern. Dieses Gas ist eine Mischung aus CO_2, Methan (das auch die Kühe ausstoßen) und Schwefelwasserstoff.

Aber wir produzieren auch noch andere Gase, etwa beim Atmen. Die Luft, die wir einatmen, besteht aus Stickstoff und Sauerstoff. Wenn wir sie wieder ausatmen, haben wir daraus teilweise CO_2 gemacht, und zwar bei jedem Atemstoß. Unser Körper ist also ein kleines (aber rein natürliches!) Chemiewerk.

Auflösung von Seite 48:

Es ist ganz einfach: Die Zuckerkristalle blitzen und blinken wie kleine Edelsteine, während das Salz weiß und blass ist. Also Augen auf!

Hier hat Rosa Griebenschmalz übrigens noch einen besonderen Tipp für dich – und zwar wie man Salzteig herstellt. Dieser Teig ist (obwohl das Bolle mal wieder nicht glauben wollte) auf keinen Fall zum Verzehr geeignet! Salzteig ist die (fast) kostenlose Bastelknete für alle, die kreativ sind und etwas Selbstgemachtes verschenken wollen – zu Ostern, Weihnachten oder zum Geburtstag. Figuren aus Salzteig kommen immer gut an.

Und so geht es:

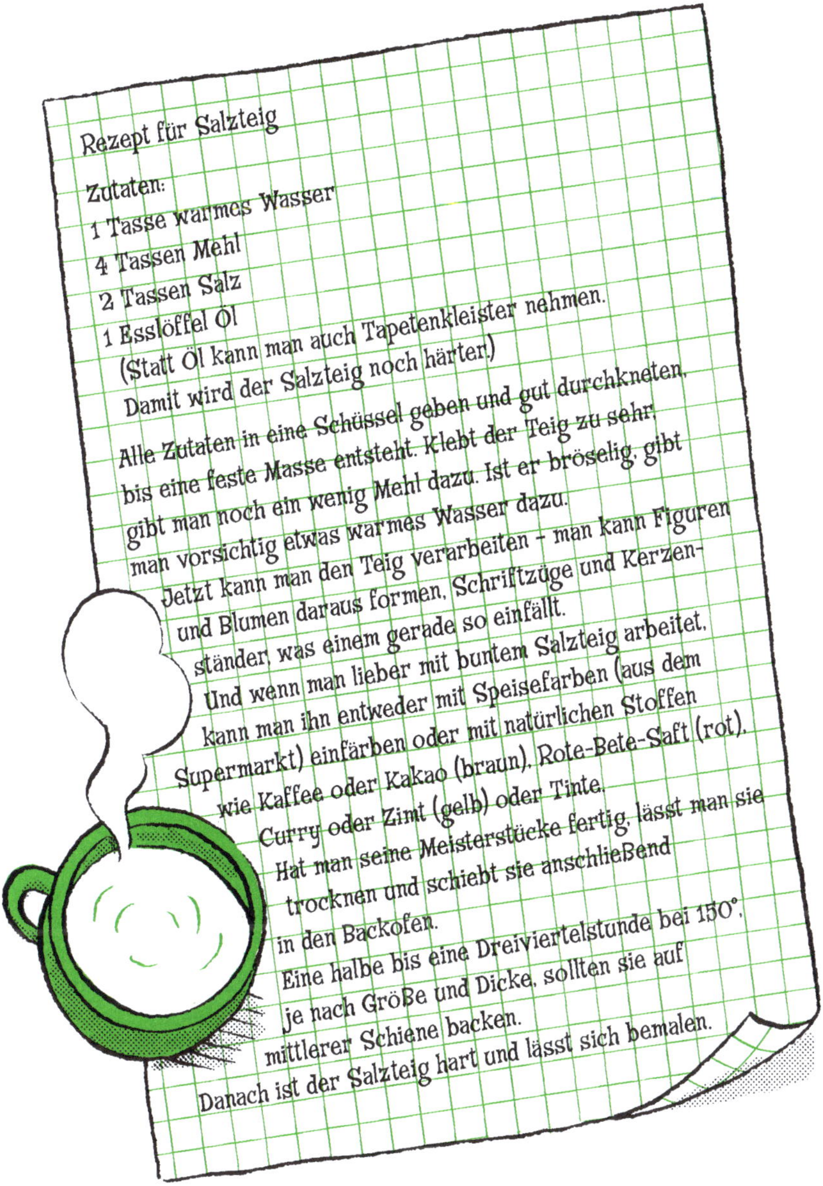
Rezept für Salzteig
Zutaten:
1 Tasse warmes Wasser
4 Tassen Mehl
2 Tassen Salz
1 Esslöffel Öl
(Statt Öl kann man auch Tapetenkleister nehmen.
Damit wird der Salzteig noch härter.)
Alle Zutaten in eine Schüssel geben und gut durchkneten,
bis eine feste Masse entsteht. Klebt der Teig zu sehr,
gibt man noch ein wenig Mehl dazu. Ist er bröselig, gibt
man vorsichtig etwas warmes Wasser dazu.
Jetzt kann man den Teig verarbeiten – man kann Figuren
und Blumen daraus formen, Schriftzüge und Kerzen-
ständer, was einem gerade so einfällt.
Und wenn man lieber mit buntem Salzteig arbeitet,
kann man ihn entweder mit Speisefarben (aus dem
Supermarkt) einfärben oder mit natürlichen Stoffen
wie Kaffee oder Kakao (braun), Rote-Bete-Saft (rot),
Curry oder Zimt (gelb) oder Tinte.
Hat man seine Meisterstücke fertig, lässt man sie
trocknen und schiebt sie anschließend
in den Backofen.
Eine halbe bis eine Dreiviertelstunde bei 150°,
je nach Größe und Dicke, sollten sie auf
mittlerer Schiene backen.
Danach ist der Salzteig hart und lässt sich bemalen.

Auflösung von Seite 51:

In dem Glas, in dem sich mehr des weißen Pulvers löst, ohne überzulaufen, ist Salz. Die Erklärung? Salzmoleküle sind kleiner als Zuckermoleküle und können sich besser zwischen die Wassermoleküle packen.

Dazu gibt es noch ein spannendes Experiment: Lös in einem Glas Wasser sechs Esslöffel Salz und in einem anderen sechs Esslöffel Zucker auf und lass vorsichtig Münzen in beide Gläser fallen, bis der Wasserstand am oberen Glasrand angekommen ist. Wenn du nun ganz vorsichtig noch eine Münze hineingleiten lässt, siehst du, dass sich die Oberfläche der Flüssigkeit sogar bis über den Rand wölbt, ohne dass das Glas überläuft. Das ist die Oberflächenspannung des Wassers, die es zum Beispiel kleinen Insekten ermöglicht, auf dem Wasser zu laufen. Wenn nun das Wasser in beiden Gläsern eine nach oben gebogene Oberfläche hat, lässt du vorsichtig in das Salzwasser etwas Salz und in das Zuckerwasser etwas Zucker rieseln. Seltsamerweise wird auch jetzt noch nichts überlaufen – doch irgendwann passiert es. Nur wo? Passiert es zuerst beim Zuckerwasser oder beim Salzwasser?

Auflösung von Seite 52:

Bolle und Hein haben beide recht. Und James eigentlich auch, denn natürlich kann man in jedem Supermarkt Salz kaufen. Steinsalz, so nennt man das Salz aus den Tiefen der Erde, und Meersalz heißt das Salz, das tatsächlich dem Meerwasser entzogen wird. Wie das geht? Das steht vorne.

Auflösung von Seite 54:

Tatsächlich wird es nur bei Hein klappen, denn er macht es so, wie manchmal noch heutzutage Meersalz gewonnen wird – nämlich in großen Pfannen, in denen Meerwasser so lange erhitzt wird, bis das Wasser verdunstet und das feine weiße Salz als dicke Kruste übrig bleibt.

Aber um in großen Mengen Salz zu gewinnen, kann man natürlich nicht mit Bratpfannen arbeiten. Beim Meersalz gibt es riesige Maschinen, die das Wasser aufkochen und verdunsten lassen – und beim Steinsalz, das das meiste Salz ausmacht, das wir kaufen können, wird aus der Tiefe der Berge mineralisches Salzgestein ausgewaschen und anschließend getrocknet.

Auflösung von Seite 55:

Das Salzwasser steigt in den Wollfaden hinauf, und zwar so lange, bis er sich ordentlich voll gesogen hat. Danach trocknet er, das Wasser verdunstet, und man hat einen Salzfaden, an dem winzige Salzkristalle hängen. Nur kann man mit einem Salzfaden leider nichts anfangen. Pech!

Auflösung von Seite 58:

Eine wahrlich süße Überraschung! Bolle knurrt beim Gedanken daran schon wieder der Magen.

Und so geht das Experiment ganz genau: Zuerst löst man Zucker in Wasser, und zwar im Verhältnis 2:1. Das bedeutet: Zwei Gläser Zucker werden in einem Glas Wasser verrührt und dann in einem Topf langsam erhitzt, bis sich der Zucker ganz aufgelöst hat. Dann gießt man die Zuckerlösung (die nennt man nun gesättigt, denn mehr geht nicht hinein, das Wasser ist wirklich pappsatt!) in ein größeres Glas, legt ein Holzstäbchen (zum Beispiel ein Schaschlikstäbchen) quer darüber und bindet ein zweites Stäbchen so daran, dass es

in die Zuckerlösung eintaucht und fast bis zum Boden des Glases reicht (es darf den Boden jedoch nicht berühren!). Dann stellt man das Ganze an einen warmen Ort und wartet einen Tag oder zwei. Schließlich kann man das Kandiswunder bestaunen: Die Zuckerkristalle haben sich an dem Holzstäbchen festgesetzt, und herausgekommen ist ein Kandisstäbchen. Man kann damit seinen Tee umrühren, und nach und nach wird sich der Zucker lösen und den Tee versüßen. Mmh, lecker!

Apropos lecker. Auch für süße Schleckermäuler hat Rosa Griebenschmalz ein tolles Rezept: Karamellen.
Karamellen sind auf der einen Seite gefährliche Plombenzieher, auf der anderen köstliche Leckereien – man muss nur die richtige Menge in den Mund schieben. Und man kann sie selbst machen; aber bitte nur unter Aufsicht eines Erwachsenen!

LECKER!
KARAMELLEN-
REZEPT
Zutaten:
500g Zucker, 150g flüssiger Honig
2 Becher Schlagsahne, Speiseöl
Vorsichtig unter ständigem Rühren Zucker, Honig und Sahne in einem großen Topf aufkochen. Dann etwa zehn Minuten weiterkochen, bis das Karamell eine goldbraune Farbe angenommen hat. Den Topf vom Herd nehmen. Mit einem Löffel etwas Karamell auf einen Porzellanteller tropfen lassen. Wird es nicht fest, noch ein paar Minuten weiterkochen.
Alufolie auf einem Backblech auslegen und mit Öl bestreichen. Die Karamellmasse vorsichtig daraufgießen und etwa 20 Minuten abkühlen lassen. Ein scharfes Messer mit Öl einreiben, die Masse in rechteckige Stücke schneiden. Nach 3 Stunden sind die Karamellen fertig. Vorsichtig auseinanderbrechen und probieren.
RG
IMKERGLÜCK
HONIG

Auflösung von Seite 59:

Wasser kann tatsächlich Dinge vergrößern. Du kannst dir zum Beispiel recht einfach eine Lupe basteln, indem du etwas Wasser auf Frischhaltefolie tropfen lässt und diesen Tropfen über die Schrift oder den Text legst, den du lesen willst. Die Wölbung des Tropfens lässt dich auch die kleinsten Buchstaben entziffern.

Das Gummibärchen in Rosas Griebenschmalz' versehentlichem Experiment ist jedoch wirklich gewachsen. Es besteht nämlich zu einem großen Teil aus Gelatine. Und die saugt sich mit Wasser voll wie ein Schwamm. Essen sollte man den pummeligen Gummibären lieber nicht – er schmeckt nämlich scheußlich. Das hätte wohl auch jemand Bolle sagen sollen, der sich immer noch schüttelt vor Ekel.

Auflösung von Seite 61:

Früher kannte man nur vier Geschmäcker: süß, sauer, salzig und bitter. Inzwischen gibt es auch einen fünften Geschmack, mit dem seltsamen Namen *umami*. Das ist japanisch und beschreibt den Geschmack, der vor allem bei reifen Tomaten, Sojasoße, Fleisch und Käse vorkommt. Aber uns genügen die vier Geschmacksrichtungen, bei denen wir uns sicher sind. Dafür gibt es auf der Zunge winzige Geschmacksknospen, die jeweils einen Grundgeschmack erkennen können und die hauptsächlich im hinteren Bereich und am Rand der Zunge liegen. Genauso wichtig ist aber unsere Nase. Erst wenn man zum Geschmack auch riechen kann, kann man wirklich schmecken. Deshalb schmeckt man auch nichts, wenn man verschnupft ist.

Du kannst dazu das Experiment machen, das Rosa Griebenschmalz in der Küche mit der Schweinebande macht. Sie schneidet etwas Käse in kleine Stücke, einen Apfel, Brot, eine Gurke und einen Salzhering. Dann verbindet sie den drei Schweinen die Augen, setzt jedem eine Nasenklemme auf (bei Schweinen ist das etwas kompliziert) und lässt die drei probieren.

Und obwohl sie solche Leckermäuler sind und normalerweise sofort den Unterschied zwischen einer Gurke und einem Stück Käse erkennen würden – jetzt sind sie völlig hilflos.

»Kaugummi?«, rät Bolle.

»Birne?«, schlägt Hein vor.

»Eine alte Schuhsohle?«, versucht James sein Glück.

»Nichts davon«, lacht Rosa Griebenschmalz. »Es war ein Stück Apfel. Jetzt merkt ihr mal, wie leicht man eure Sinnesorgane täuschen kann.«

Auflösung von Seite 63:

Mit Rotkohlsaft kann man nicht nur wunderschöne Farben zaubern, sondern auch ganz einfach nachweisen, ob eine Flüssigkeit sauer oder basisch ist oder – wenn sie gerade dazwischen liegt – neutral.

Dazu zerschneidet man einen halben Kopf Rotkohl in kleine Stückchen und kocht diese in Wasser ein paar Minuten, bis sich die Flüssigkeit rot gefärbt hat. Dann gießt man das Ganze über einem Sieb ab und lässt die rote Suppe abkühlen. Damit kann man nun experimentieren.

Füll den Saft in kleine Gläschen und gib zu dem Indikator (so nennt man einen Stoff, der etwas anzeigen kann) ein paar verschiedene Flüssigkeiten – was dir so gerade einfällt. Und in Rosa Griebenschmalz' Küche gibt es einige Sachen, die man ins Rotkohlwasser schütten kann: Zitronensaft etwa oder Seifenlauge.

Wenn man eine schöne Farbreihe bekommen will, stellt man sieben Gläschen nebeneinander auf und gibt (immer dieselbe Menge Flüssigkeit wie Rotkrautsaft im Glas ist) von links nach rechts hinein: Zitronensaft, Haushaltsessig, Leitungswasser, in Wasser aufgelöste Kernseife, Natronlösung, eine Lösung aus einem Vollwaschmittel und eine Sodalösung. Das ergibt eine Farbreihe von Rot über Blau nach Gelb.

Du kannst auch Cola und Tee ausprobieren, deiner Experimentierfreude sind keine Grenzen gesetzt. Grundsätzlich gilt: Rot ist sauer, Blau ist basisch.

Dass der Säuregehalt des Wassers zum Beispiel die Farben von Blumen verändert, wissen auch Gärtner. Wenn sie nämlich rote Hortensien mit einer Lösung von Eisensalzen gießen, werden die Blüten blau. Man kann sogar in der Nähe der Wurzel rostige Nägel vergraben – und, oh Wunder, die Blumen, die letztes Jahr noch rot waren, sind auf einmal blau. Andererseits kann ein aufmerksamer Gärtner an der Blütenfarbe erkennen, ob ein Boden etwas zu sauer oder zu basisch ist.

Auflösung von Seite 64:

Auf der Schale bilden sich kleine Gasbläschen, das uns schon bekannte Gas CO_2 entweicht. Und hier trifft das Wort tatsächlich zu: Weich wird nämlich die Schale, und wenn man lange genug wartet, lässt sich das harte Ei kneten, als ob seine Schale aus Gummi wäre.

Was ist passiert? Die Eierschale besteht aus Kalk (ganz wissenschaftlich heißt es Calciumcarbonat), und diese Verbindung ist eine der häufigsten auf der Erde, vor allem in Form von Gesteinen. Calciumcarbonat ist ein Hauptbestandteil von Marmor, Kreide und Kalkstein, es kommt in Knochen und Zähnen vor, ebenso wie in Korallen, Muscheln und Schnecken. Wenn man weiß, wie aggressiv Zitronensaft oder Essig zu diesem Stoff sind, wird man auch niemals Zitronensaft auf einer Marmorplatte verschütten, das gibt nämlich hässliche Flecken! Andererseits kann man mit Essig den unerwünschten Kalk geschickt entfernen, etwa an einem verkalkten Wasserhahn oder in einer Kaffeemaschine. Das ist angewandte Küchenchemie!

Und nachdem du nun weißt, dass Säure Kalk angreift,

weißt du auch, warum man seine Zähne gegen zu viel Säure schützen muss – sonst kriegt man nämlich ein ziemlich löchriges Gebiss.

Ein gutes Experiment, um zu zeigen, dass Zahnpasta die Zähne wirklich schützt, ist dieses: Wieder wird ein hart gekochtes Ei in Essig eingelegt, nur bestreichen wir die eine Hälfte davon vorher mit Zahnpasta. Die kleinen CO_2-Bläschen werden wieder aufsteigen, aber diesmal nur von der Hälfte des Eis, die nicht von der Zahnpasta geschützt ist.

Auflösung von Seite 66:

So bekommst du die richtigen Farben:

Rote Bete	rotviolett
Rotkohlblätter	rotviolett
Malventee	rot
Schwarze Johannisbeeren	rötlich grau
Apfelbaumrinde	rötlich
Birkenbaumrinde	rötlich

(Fortsetzung auf Seite 108)

Eier färben mit Naturfarben

Zuerst stellt man einen Farbsud her:
Grobe Pflanzenteile müssen zunächst zerkleinert oder geraspelt werden.
Frische Pflanzen oder Gemüse (500g auf 2 Liter Wasser) kocht man 30-40 Minuten ab.
Blätter, Blüten und Beeren (100g auf 2 Liter Wasser) weicht man einige Stunden ein, dann eine Stunde abkochen.
Wurzeln, Rinden und Hölzer (100g auf 2 Liter Wasser) werden zwei Tage lang eingeweicht und anschließend zwei Stunden abgekocht.
Tee oder Kaffee (50g auf 2 Liter Wasser) werden 30 Minuten aufgekocht.
Der Farbsud wird nach dem Kochen gefiltert.
Die meisten Farben werden intensiver, wenn man ihnen Alaun oder ein Eisensalz zusetzt. Mit Essig kann man die Farben aufhellen.
Die gekochten (oder ausgeblasenen Eier) in Essigwasser waschen und in den kalten Farbsud einlegen.
Zwischendurch die Eier mit einem Löffel herausholen, um die Farbintensität zu prüfen. Für zarte Farbtöne reicht ein kurzes Farbbad, kräftige Töne dauern.
Schließlich kann man die gefärbten Eier mit ein paar Tropfen Speiseöl oder einer Speckschwarte abreiben, damit die Farben schön leuchten und die Eier glänzen.

Holunderbeeren	graublau, schwarz
Heidelbeeren	graublau
Birkenblätter	gelbgrün
Brennnesselblätter	gelbgrün
Safran	gelb
Karotten	orange
Kaffee, Tee	bräunlich
Zwiebelschale	bräunlich
Efeu, Petersilie, Spinat	grün

Auflösung von Seite 67:

Es gibt tatsächlich eine zweifarbige Blume! Für Zauberkünstler eine geniale Steilvorlage, denn nun lässt sich fast jede Blumenfarbe verändern. Und wenn Mama

einen Strauß weißer Nelken auf den Tisch gestellt hat, kann man ihr ganz leicht eine Freude machen ...

Auflösung von Seite 69:

Was hier passiert ist, nennt sich Chromatografie, aber das muss sich kein Schwein merken. Wichtig ist nur, dass auch schwarze Farbe aus vielen bunten besteht. Und die kann man so sichtbar machen. Das Wasser treibt sie auseinander, und man bekommt auf diese Weise von jedem Filzschreiber ein bestimmtes »Profil«, etwas wie einen Fingerabdruck.

Und daraus kannst du eine wunderbare Zauberveranstaltung machen, etwa bei einer Geburtstagsfeier. Du verteilst schwarze Filzstifte an deine Gäste und bittest jeden, verdeckt ein Wort auf ein Stück Filterpapier zu schreiben und es anschließend mit einem geraden Strich zu unterstreichen. Es kann alles sein – eine Blume, ein Tier, eine Automarke –, und du wirst anschließend durch einen chemischen Zaubertrick herausfinden, wer was geschrieben hat.

Vorher musst du allerdings etwas vorbereiten. Zuerst brauchst du schwarze Filzstifte mit einer nicht zu dünnen Spitze, und zwar von verschiedenen Firmen. Fünf bis sechs verschiedene wird man in jedem Schreibwarengeschäft finden. Dann malst du jeweils einen Punkt auf ein Stück Filterpapier, tropfst Wasser darauf und lässt das Schwarz in Farbschlieren auslaufen. Jedes Blatt bekommt eine Nummer – und der dazu gehörige Filzstift bekommt dieselbe. Das ist die detektivische Vorbereitung.

Haben deine Freunde ihre Wörter aufgeschrieben, ziehst du dich mit den Blättern in dein »Labor« zurück, tropfst auf jedes einzelne Blatt etwas Wasser und bekommst so schnell heraus, wer was geschrieben hat. Die Gäste müssen nur ihre Stifte in der Hand behalten.

Auflösung von Seite 69:

Das musst du selbst rauskriegen. Was ist wohl stärker? Salz oder Zucker? Lös einfach einen Esslöffel Salz und einen Esslöffel Zucker in warmem Wasser auf, rühr gut um und koste vorsichtig. Viel Spaß!

Chemie im Alltag:

In der Chemie nennt man alle Stoffe, die nicht aus verschiedenen anderen Stoffen oder Substanzen zusammengesetzt sind und durch chemische Methoden nicht weiter zerlegt werden können, Elemente. Diese Reinstoffe sind zum Beispiel Gase wie Wasserstoff und Sauerstoff. Unsere Atemluft hingegen setzt sich aus vielen verschiedenen Gasen zusammen.

Auf der nächsten Doppelseite siehst du ganz viele Stoffe. Manche sind Verbindungen, andere reine Elemente, manche bilden nur die äußere (schützende) Schicht von Gegenständen, wie z.B. das Chrom beim Wasserhahn. Eins wird hier aber ganz deutlich: Chemie begegnet uns im Alltag ständig.

ZINN
KALK
SILBER
CHROM
MAGNESIUM
EISEN
MESSING
ZUCKER
GLAS
GUMMI

LUMINIUM
ALKOHOL
SALZ
QUECKSILBER
PLASTIK
SSER
ZINK
GOLD
Ute
KLAUS
KOHLENSTOFF
PAPIER
KUPFER
5
EURO
CENT

Inhalt

Nachdem seine eigenen drei Ferkel aus dem Haus sind, kann sich **Robert Griesbeck** endlich in Ruhe auf seine Bücher konzentrieren. In einem kleinen Haus am bayrischen Staffelsee denkt er sich immer neue Rätsel aus. Und wenn ihm mal wirklich nichts mehr einfällt, geht er in den Schweinestall und lässt sich von Erwin dem Eber ein paar Tipps geben.

Schon als kleines Ferkel hatte **Nils Fliegner** immer einen Pinsel zwischen den Pfoten. Als großes Ferkel hat er dann Robert Griesbeck kennengelernt. Manchmal macht er sich auf den weiten Weg von Hamburg zum Staffelsee, um zu gucken, was sich Robert und Erwin wieder ausgedacht haben. Und wenn es ihm gut gefällt, malt er ein paar hübsche Bilder dazu.

COMPUTER GANZ LEICHT

Das Buch
Was haben Desktop-PCs, Laptops, Smartphones, Playstations und sogar Taschenrechner gemeinsam? Sie alle sind Computer! Zunächst erforschen wir Windows in seiner neuesten Version (Windows 10). Du erfährst, wie du mit Dateien, Ordnern und Fenstern umgehst und wie du speicherst und druckst. Mit der Pannenhilfe und dem Lexikon am Ende des Buches kannst du dich bei offenen Fragen und kleineren Problemen mit deinem Computer jederzeit schlaumachen.

Altersempfehlung
Ab 10 Jahre, aber auch für Erwachsene, die eine wirklich einfache Einführung suchen und ihr Wissen auffrischen möchten.

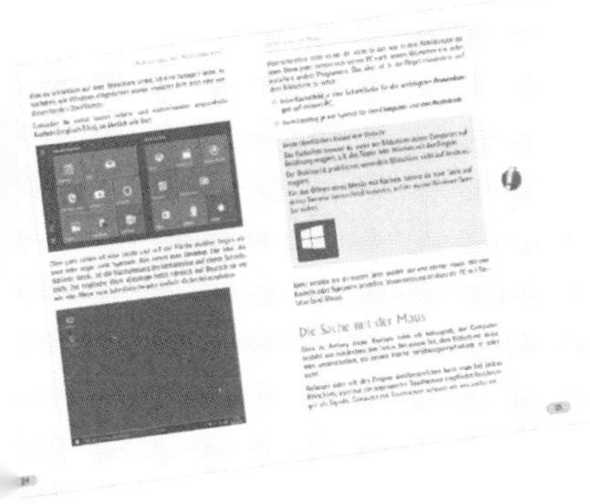

Hans-Georg Schumann

COMPUTER GANZ LEICHT

264 Seiten, durchgehend in Farbe
ISBN: 978-3-96269-032-8
Hardcover, 170 x 240 mm

€ 9,95

impian